Ich hasse Teams!

svenja hofert
thorsten visbal

ICH HASSE

wie sie die woche mit kollegen überleben

TEAMS!

eichborn
berufsstrategie

Svenja Hofert arbeitet seit Jahren erfolgreich als Autorin, Beraterin und Karrierecoach in Hamburg. Bei Eichborn sind u. a. bereits erschienen: *Praxisbuch Existenzgründung* (2004) und *Praxismappe für die kreative Bewerbung* (2002).
www.karriereundentwicklung.de und www.svenja-hofert.de

Thorsten Visbal ist der geborene Teamplayer und von Grund auf überzeugt, dass gemeinsame Leistungen immer bessere Leistungen sind. Als Coach, Unternehmensberater und Teamentwickler begleitet er seit 10 Jahren Einzelpersonen und Unternehmen in Veränderungen. Er ist auf Training und Prozessbegleitung spezialisiert.
www.thorsten-visbal.de

Die Website zum Buch: www.ichhasseteams.de

1. Auflage 2010

© Eichborn AG, Frankfurt am Main, September 2010
Umschlaggestaltung: Christina Hucke
Umschlagfoto: Brand New Images/©getty images
Lektorat: Thorsten Schulte
Satz: Fotosatz Amann, Aichstetten
Druck und Bindung: CPI – Clausen & Bosse, Leck
ISBN 978-3-8218-5721-3

Mix
Produktgruppe aus vorbildlich bewirtschafteten Wäldern, kontrollierten Herkünften und Recyclingholz oder -fasern
www.fsc.org Zert.-Nr. SCS-COC-001554
© 1996 Forest Stewardship Council

Eichborn Verlag, Kaiserstraße 66, 60329 Frankfurt am Main
Mehr Informationen zu Büchern und Hörbüchern aus dem Eichborn Verlag finden Sie unter www.eichborn.de

Inhalt

mittwoch: hilfe, ich bin neu hier!   59

donnerstag: jeder macht hier doch sein eigenes ding!   83

Prolog: Die Anonymen Einzelkämpfer

Pst! Sie dürfen nicht darüber reden. Es schadet Ihrer Karriere. Es ist ein Tabu. Das Bekenntnis: »Ich hasse Teams!« In diesen teamorientierten Zeiten bedeutet es das Karriere-Aus für alle, die nicht als Außendienstler für Fahrradzubehör in der Region Vorpommern enden wollen.

Anonyme Einzelkämpfer müssen sich verstecken. Sie dürfen nicht laut sagen, was sie wirklich meinen. Zum Beispiel, dass Teamarbeit erfunden worden ist, um faulen Kollegen Tarnung zu gewähren. Oder dass sie lieber allein ihre Arbeit machen würden, weil sie dann wüssten, dass das Ergebnis gut ist. Alles moralisch, politisch und menschlich hochgradig unkorrekte Dinge.

Auch die Anonymen Einzelkämpfer bewerben sich auf Stellen, in denen unter Anforderungen Worte wie »Teamgeist« oder »Teamfähigkeit« stehen. Sie lügen im Vorstellungsgespräch, wenn sie behaupten, Teamarbeit sehr zu mögen, und belegen wortreich, wie gut sie mit allen Kollegen auskommen. Im Assessment-Center tun sie so, als würden sie Projekte und gemeinsame Aufgaben lieben. In Wahrheit aber ist ihnen die einsame Postkorbübung oder die knackig im Alleingang zu lösende Fallstudie sehr viel lieber als die Gruppendiskussion. Doch so macht man keine Karriere, hat man ihnen gesagt. Also verschweigen sie ihre wahren Gedanken.

Wenn die Anonymen Einzelkämpfer mit anderen zusammenarbeiten, schlucken sie ihren Frust runter und heucheln »Social Skills«. Was immer Social Skills sind … sie wissen es nicht genau. Sie ahnen nur, dass Teamfähigkeit eigentlich dazugehören müsste. Wenn sie könnten, würden sie die Teamarbeit eher heute als morgen abschaffen und wieder in Ruhe alleine arbeiten. So wie es früher war, in einer Zeit, als das gemeinsame Arbeit in Gruppen noch nicht idealisiert wurde, Einzelbüros vorherrschten und strikte Weisungen von oben und nicht etwa blöde Meetings Struktur in den Alltag brachten.

die briefe der einzelkämpfer und unsere studie

Ich hasse Teams! Die sieben Anonymen Einzelkämpfer Stephan, Lena, Ewa, Max, Bea, Uli und Udo haben uns Briefe geschrieben, um sich damit als Protagonisten für dieses Buch zu bewerben. In ihren Schreiben steht, wie sie von Besitzstandsbewahrern untergebuttert und rausgemobbt werden, miese Stimmungen ertragen oder die Fehler der anderen ausbügeln müssen. Sie schildern lebhaft, wie sie von Faulpelzen, Selbstdarstellern und ähnlichen Kalibern in ihrer Leistungsfähigkeit und Arbeitsmotivation eingeschränkt werden.

Ihre Namen haben wir für dieses Buch geändert, aber die Geschichten sind echt. Wir haben sie ausgewählt aus 104 Interviewpartnern im Rahmen einer im Frühjahr 2010 von uns durchgeführten Teamhasser-Studie. Die Teilnehmer kamen aus dem ganzen Bundesgebiet von Sylt bis München. Es waren 49 % Männer und 51 % Frauen. Viele waren angestellt, einige in Führungspositionen, andere selbstständig.

Wir errechneten den durchschnittlichen Teamhasser-Wert auf einer Skala von 1 bis 10. Er betrug 5,4. Dabei sehen Angestellte ohne Führungserfahrung mit 5,8 die Teamarbeit noch am positivsten. Sie arbeiten im Grunde ganz gern mit Kollegen, stören sich aber an den Nebenwirkungen. Sie ärgern sich über ineffiziente Meetings, Faule im Team, fehlende Anerkennung und Selbstdarsteller. Vertreter der Angestellten-Fraktion in unserem Trainingscamp sind Stephan, Lena, Ewa und Udo. Führungskräfte und Selbstständige dagegen hatten im Durchschnitt oft einen deutlich höheren Teamhasser-Wert. Es scheint für Einzelkämpfer also zwei Fluchtwege zu geben: Entweder sie werden Chef oder selbstständig.

Die Freude am Alleinarbeiten und Sich-nicht-abstimmen-Müssen ist einer der wichtigsten Treiber, in die Führung zu gehen oder eine unternehmerische Existenz aufzubauen. Die Realität bietet aber auch dort kein Paradies für Einzelkämpfer, wie unsere Studie zeigt. Denn mit Gründungspartnern, Auftraggebern, Netzwerkkollegen oder Mitarbeitern muss man ebenfalls im Team zusammenarbeiten. Das wissen Max, Uli und Bea als zerstrittene Inhaber einer Agentur mit Mitarbeitern, die aus der Reihe tanzen. Sie ärgern sich ganz besonders über faule Kompromisse und die ewigen Streitigkeiten.

die einzelkämpfer und ihr trainingscamp

»Versuchen Sie bloß nicht, uns zu bekehren«, warnten uns die Anonymen Einzelkämpfer, als wir das erste Mal bei uns in Hamburg mit ihnen zusammenkamen. Wir versprachen, es nicht zu tun. Uns geht es wirklich nicht um Belehrung, Missionierung oder gar Umerziehung. Wir sind Realisten. Deshalb gibt es für uns nur ein Ziel: das Überleben mit Kollegen lernen. Damit die Arbeit so einigermaßen erträglich wird. Für Wunder sind andere zuständig.

Mit jedem Anonymen Einzelkämpfer gehen wir einen Tag ins Trainingscamp, wo wir gemeinsam typische Probleme bei der Teamarbeit lösen.

- Stephan ist Projektmanager und arbeitet in einem Konzern. Er meint: **Schon wieder so ein blödes Meeting.**
- Lena ist Marketingassistentin in einem Markenartikel-unternehmen. Sie sagt: **Ich muss immer die ganze Arbeit machen.**
- Ewa ist neu im Team und ruft: **Hilfe, ich bin neu hier.**
- Max, Bea und Uli haben eine Agentur und sagen: **Wir streiten uns den ganzen Tag.**
- Udo nerven die Kollegen. Er meint: **Alles wäre gut, wenn diese Selbstdarsteller nicht wären.**

Sie als Leser dürfen mit dabei sein. Eine Woche begleiten Sie uns ins Trainingscamp der Anonymen Einzelkämpfer. So können Sie live miterleben, wie andere lernen, die Woche mit den Kollegen zu ertragen. Damit Sie den Nervtötern und den negativen Auswüchsen kollegialer Zusammenarbeit nicht mehr hoffnungslos ausgeliefert sind.

ihre trainer stellen sich vor

Das Trainingscamp der Anonymen Einzelkämpfer ist ebenso wie das daraus entstandene Buch eine Gemeinschaftsproduk-tion von Svenja Hofert und Thorsten Visbal. Svenja Hofert hat sich vor mehr als 10 Jahren selbstständig gemacht, weil sie keine Lust mehr hatte, sich unnützen Unternehmenszielen unterzuordnen und mit Chefs abzustimmen, die nur ihre Ego-Ziele verfolgen. Sie machte sich seitdem einen Namen mit mehr als 20 Büchern, darunter dem Standardwerk für alle werdenden Selbstständigen, dem »Praxisbuch Existenzgründung«.

Thorsten Visbal leitete als angestellter Projektmanager viele

Jahre die bundesweit erfolgreiche Gründerschmiede »Enigma garage«, bevor er 2005 den Sprung in die Selbstständigkeit unternahm. Nicht weil er sich als geborener Einzelkämpfer fühlte, sondern weil er Lust dazu hatte und die Zeit dafür reif war.

Beide arbeiten in Hamburg als Berater, Trainer und Coach für Privatpersonen und Unternehmen.

Sie möchten auch Ihre Woche mit Kollegen überleben? Wir freuen uns auf Sie, auf weitere Anonyme Einzelkämpfer.

Übrigens, zu diesem Buch gibt es eine Website:
www.ichhasseteams.de

Dort finden Sie aktuelle Informationen und den Test vom Ende des Buches.

Stephan hasst Meetings

Fakten, Fakten, Fakten: Stephan mit »ph« hält nichts von Beziehungskram und Blenderei. Warum Small Talk nötig sein sollte, sieht er ebenso wenig ein wie den Sinn von männlichen Gockelspielen. Am meisten nerven ihn Meetings, denn die halten nur vom Wesentlichen (für ihn: die Arbeit) ab und sind ansonsten vertane Zeit.

Lena ärgert sich, weil alles an ihr hängen bleibt

Lena will alles gut machen. Sie braucht Wärme, Zuspruch und Lob. Dumm nur, dass sie mit Leuten zusammenarbeitet, die dafür wenig bis nichts übrighaben. Weil Lena so furchtbar nett ist, kann sie niemandem etwas abschlagen – und sagt meistens »Ja, ich mach das«. Ihr Verhalten ruft Ausbeuter auf den Plan. Lena hält sich für eine Teamplayerin, die einfach nur bei den falschen Leuten gelandet ist.

Ewa ist ehrgeizig und neu im Team

Ewa will alles und zwar schnell und sofort. Sie ist die Superengagierte, geboren für eine Führungsrolle und möchte am liebsten gleich das ganze Unternehmen reformieren. Für Kollegen, die alles ein bisschen langsamer angehen wollen, hat sie null Verständnis. Warten und kleine Brötchen backen – nicht ihre Sache.

Max will viel Geld verdienen

Max liebt seine handgenähten Schuhe und angelt Aufträge mit

einem Lächeln. Er hat Visionen und denkt in Großbuchstaben. An Teams nerven ihn die Leute, die alles kleinreden und sich übermäßig lange mit Details aufhalten.

Bea will gute Arbeit leisten

Schön arbeiten und in einem angenehmen Umfeld nett zusammen sein – das ist das kuschelige Idealbild von Bea. Alles zu besprechen und immer die Meinung der anderen zu hören, ist ihr superwichtig. Streit? Hilfe! Beas Toleranzgrenze für Auseinandersetzungen liegt bei null Komma null. Alles Friede, Freude, Miteinander.

Uli will Spaß

»Ich will Spaß« ist das Motto von Uli, was seine Kollegen Bea und Max ganz schön nervt. Er verbringt mehr Zeit in der Küche als im Büro und will immer ausgehen. Arbeiten soll Freude bringen, findet er. Und dass die anderen die Sachen doch bitte nicht immer so verkrampft sehen mögen.

Udo findet sich selbst richtig groß

Udo findet sich selbst besser als die anderen im Team. Er hat die meiste Erfahrung und sieht sich von daher als absolut unersetzlich an. Delegieren würde er gern, kann er aber nicht, weil niemand so gut ist wie er selbst. Dumm nur, dass er sich mit Blendern rumschlagen muss, die einen MBA haben.

Montag: Schon wieder so ein blödes Meeting!

Am Anfang war die Teamarbeit. Die brachte das Meeting zur Welt. Die Team- paarte sich mit der Projektarbeit und gebar immer mehr kleine Meetings. Inzwischen ist die Welt voller Meetings. »Ohne« ist Arbeit nicht mehr denkbar. Kommt Ihnen bekannt vor? Dann sind auch Sie wahrscheinlich öfter zu Gast in Konferenzräumen und Besprechungszimmern. Gemeinsam mit Stephan können Sie sich über die überflüssige Zeit ärgern, die beim Versuch, sich abzustimmen, Ideen auszutauschen, Lösungen zu finden, Entscheidungen zu treffen oder über Projektstände zu berichten, verloren geht.

Vielleicht haben auch Sie wie Stephan gar keine gute Meinung von Meetings. Unser Anonymer Einzelkämpfer jedenfalls sieht sie als eine Plattform für Selbstdarsteller und ansonsten als verschwendete Zeit an. Wenn er eine Terminanfrage per Outlook bekommt, zuckt er schon zusammen. Nicht schon wieder so ein blödes Meeting!

Stephan ist 45 Jahre alt und arbeitet als Projektmanager in einem Konzern. Da Montag der prototypische Meeting-Tag ist, hat er sich diesen Tag für sein Trainingscamp ausgesucht.

Erfahrungsbericht von Stephan

Seinen Wunsch um Aufnahme ins Trainingscamp der Anonymen Einzelkämpfer hat Stephan so begründet:

Sehr geehrte Frau Hofert, sehr geehrter Herr Visbal,

kennen Sie das? Sie sitzen in einer Arbeitsbesprechung, und die Herren tauschen sich über ihre neuesten iPhone-Apps aus. Anschließend werden noch ein paar Budgets mit unvernünftigen Summen aufgestockt, unhaltbare Termine gemacht und Witze über die Mädels im Innendienst gerissen.

Jeden Tag muss ich zu zwei bis fünf solcher Meetings. Den halben Tag hänge ich mit unterschiedlichen Menschen zusammen, die sich eigentlich nichts Wesentliches zu sagen haben. Diese Meetings stehlen mir die wertvollsten Stunden am Tag und fallen meist auch noch genau in meine Höchstleistungszeit.

Leisten kann ich da allerdings nichts. Meetings sind nur zum Schein dazu gedacht, Lösungen zu finden. In Wahrheit geht es darum, einen Beweis für die eigene Existenzberechtigung zu liefern. Ich bin in einem Meeting, also bin ich – wichtig für das Unternehmen.

Am schlimmsten sind Meetings mit den Mr. Wichtigs unseres Unternehmens, den Abteilungsleitern: Die Herrschaften sitzen an einem langen Konferenztisch mit gemütlichen Ledersesseln, in die man sich fallen lassen kann, wenn man wie immer zu spät kommt. Dynamisch und natürlich gekonnt abgehetzt mit dem Blackberry am Ohr stürmen sie rein. Rechte Hand zum Getränkekorb, linke zu den Keksen, es gibt ja sonst nie was zu essen. Und wehe, wenn das Gebäck mal nicht von Bahlsen ist: Sie sprudeln gleich los und erzählen sich Witze und peinlich private Dinge, zum Beispiel über die Frau von Herrn Soundso.

Sobald die Konferenzzimmertür geschlossen ist und der offizielle Teil beginnt, drängen sich immer die gleichen Gesichter in den Vordergrund. Die Mr. Wichtigs erzählen ihre Success-Storys, doch die wirklich wichtigen Fragen kommen nicht auf den Tisch. Das Projekt stockt? Kein Problem: Unsere Abteilungsleiter haben garantiert einen abenteuerlichen Vorschlag, wie die Bremse gelöst werden und Krisenmanagement nach Handbuch betrieben werden kann.

Als Projektmanager bin ich der böse Prophet. Ich bringe die schlechten Nachrichten. Doch solche Einschätzungen will selbst mein Chef nicht hören, schon gar nicht öffentlich in einem Meeting. »Wie konnte das passieren, Herr Schmitz?«, fragt er und verlangt sofort eine »kreative« Lösung, die er dann als Super-Rettungsidee unter seinem eigenen Namen im nächsten Meeting präsentiert.

Am liebsten würde ich nie mehr in Meetings gehen und stattdessen richtig arbeiten! Bitte sagen Sie mir, wie ich diese Show-Veranstaltungen besser aushalten kann.

Mit freundlichen Grüßen
Stephan

Das Team

- Stephan mit »ph« arbeitet in wechselnden Teams, kommt in seinen Meetings mal mit Abteilungsleitern, mal mit »Fußvolk« zusammen.
- Sein Chef ist ein Poser, verlangt immerzu kreative Lösungen und verkauft Stephans Erfolge als seine eigenen.

Die Situation

Der Tag ist voller schlecht strukturierter und überflüssiger Meetings. Außerdem nervt Stephan, dass Meetings Selbstdarstellern eine Plattform bieten.

Hintergrund: Die Wahrheit über Meetings

Sind Sie auch ein bisschen Meeting-geschädigt? Da sind Sie nicht allein: Die meisten der in unserer Teamhasser-Studie befragten Gesprächspartner können den ewigen Besprechungen wenig Gutes abgewinnen.

Doch es gibt kein Entrinnen! Je komplexer die Arbeitswelt und je mehr diese in Teams und Projektgruppen organisiert wird, desto mehr Meetings gibt es. Aber hätten Sie gedacht, dass deutsche Angestellte unglaubliche anderthalb Arbeitstage pro Woche in Konferenzräumen und Besprechungszimmern verbringen? Das behauptet jedenfalls eine Studie der Unternehmensberatung Schell.[1] Stephan liegt mit seinen zwei bis drei Stunden Besprechungszeit pro Tag also gut im Schnitt. Als Projektmanager ist er außerdem besonders belastet: Wöchentlich eilt er in Team-, Abteilungs- und Projektmeetings, außerdem gelegentlich zu Besprechungen mit Dienstleistern und Lieferanten.

Auf seinen Besprechungstouren sind ihm alle bekannten Meeting-Killer bereits begegnet: Ego-Denke, Null-Ergebnis und Cliquenwirtschaft.

Meeting-Killer Ego-Denke

Während Meetings inoffiziell zur Plattform von Selbstdarstellern verkommen, sollen sie offiziell gemeinsame Ergebnisse, Abstimmung oder Ideen- und Wissensaustausch ermöglichen. Ego-Denke der einzelnen Teilnehmer und damit oft gekoppelte Selbstdarstellung steht der gemeinsamen Zielerreichung im Weg. Das macht Meetings für weniger egoistische Menschen zum Ärgernis.

Die sehen mit Grausen, wie vernünftige Lösungen zerredet werden, weil jeder heimlich nur das jeweils Beste für sich persönlich erreichen möchte. So gehen übergeordnete Ziele, die der ganzen Gruppe oder dem Unternehmen dienen, verloren.

---

1 Zu finden im Internet unter *www.schell-marketing-consulting.de*

Das frustriert die ehrliche Haut. Keine befriedigenden Ergebnisse, welch ein nutzloses Meeting!

Einmal durften wir einer Abteilungsleiterbesprechung über Budgethöhen des folgenden Jahres beiwohnen. Jeder argumentierte nur für mehr Geld, obwohl ein Zurückschrauben des Budgets in bestimmten Bereichen – etwa im Marketing – für das Unternehmen sinnvoll gewesen wäre. Doch die Budgethöhe signalisiert Macht. Wer 2011 weniger Geld zur Verfügung hat als 2010, gilt unter den Kollegen als Loser. So ein Denken müsste vom Management unterbunden werden. Da dort aber nicht selten Menschen mit einer ähnlichen kurzfristigen Ego-Denke sitzen, darf man auf dieses Pferd nicht setzen.

Meeting-Killer »null« Ergebnis

Wir kennen Zusammenkünfte, da kommt noch nicht mal eine egoistisch motivierte Budgetplanung heraus, sondern: rein gar nichts. Es wird diskutiert und sich selbst dargestellt, das war's. Unsere Teamhasser-Studie benennt nutzlose Meetings, »bei denen nichts rumkommt«, als eine der schlimmsten Folgen von Teamarbeit.

Andere Befragungen stützen dieses Ergebnis: Nur die Hälfte der Teilnehmer von Besprechungen ist mit dem Ergebnis zufrieden.[2] Die Unzufriedenheit ist demnach in Konzernen am größten. Bei einem deutschen Dax-Unternehmen diskutierte das Human-Resources-Team mehr als drei Stunden über die Vorgehensweise bei der Bewerberauswahl im IT-Bereich. Meinungen? Hatte keiner, weil die Teilnehmer der Besprechung Angst hatten, damit nicht auf einer Linie mit dem Management zu sein. Beschlüsse? Nicht möglich, da man dafür keine Ent-

2 »Meetings 07 – Besprechungskultur im deutschen Sprachraum«. http://www.ormsby.at/elemente/images/studie/meetings07.pdf

scheidungskompetenz habe. Kein Wunder ist dann diese Erkenntnis der Schell-Studie: Fast die Hälfte aller Mitarbeiter ohne Führungsverantwortung weiß nach einem Meeting nicht, was sie denn jetzt eigentlich tun soll.

In kleineren Unternehmen scheint effizientes Arbeiten in Meetings leichter möglich. Dies liegt daran, dass dort durch den einzelnen Mitarbeiter mehr bewegt werden kann und das Engagement auch nach längerer Firmenzugehörigkeit noch nachweislich höher ist.[3] Wie ineffizient Meetings im Durchschnitt trotzdem sind, zeigt die Tatsache, dass sich 94 Prozent aller Teilnehmer während der Zusammenkunft mit anderen Dingen beschäftigen.

Meeting-Killer Cliquenwirtschaft

Nicht wenige Menschen haben geradezu Angst vor Zusammenkünften im Besprechungsraum. Das liegt daran, dass die »Gruppe« bei manchen Zeitgenossen Panik auslöst. Da sitzen Cliquen zusammen, die tiefe Geheimnisse miteinander pflegen und offenbar ein Interesse daran haben, »feindliche« Teilnehmer auszugrenzen. Viele fürchten die geballte Macht der Selbstdarsteller und der unternehmensinternen Seilschaften.

Der Teilnehmer einer unserer Seminare war von der Meeting-Angst befallen. Nicht nur, dass er sich einen Platz hinten rechts in der Ecke suchte, wo er am wenigsten auffiel. Er rückte auch mit dem Stuhl nach hinten, um Blickkontakt zu vermeiden, und wendete sich mit seinem ganzen Körper gegen uns und die anderen Teilnehmer. So saß er auch in Firmenbesprechungen da.

Es stellte sich heraus, dass der arme Mann derart Meeting-

---

3 Arne Maus: Herausforderung Motivation. Denkpräferenzen und ihr Einfluss auf Engagement und Handeln im Beruf. Bielefeld 2009

geschädigt war, dass alle Zusammenkünfte mehrerer Personen für ihn die reine Hölle waren. Er fühlte sich von Angestellten-cliquen verfolgt, die alles dransetzten, seine Arbeit und Leistung zu zerreden. Er merkte dabei allerdings nicht, dass er sich durch sein Verhalten letztendlich selbst ins Abseits stellte – und so erst recht ein Verhalten provozierte, das er eigentlich ja vermeiden wollte.

Die »Therapie« war einfach: Wir »versetzten« ihn auf einen ungewohnten Platz weit vorne und rieten ihm, darauf zu achten, Körper und Blick zur Gruppe zu wenden. Das löste bei ihm ein Aha-Erlebnis aus, denn in dieser neuen Position konnte er sich plötzlich an der Diskussion beteiligen.

Überlebensstrategien

Wie schön wäre ein Arbeitstag ohne Unterbrechungen! Doch die Zeit lässt sich nicht zurückdrehen. Spätestens seitdem das Projektgeschäft in den 1990er-Jahren Einzug in unser Land gehalten hat, ist Teamarbeit übliche Arbeitsform – und zur Teamarbeit gehört das Meeting untrennbar dazu.[4]

Nicht einmal ein freiberuflicher Job oder ein eigenes Unternehmen schützen vor Besprechungen. Da sprechen wir aus eigener Erfahrung. Wir müssen uns ständig besprechen. Allerdings: Wenn Sie selbstständig sind, bestimmen Sie die Regeln … Na ja, jedenfalls zu einem Teil. Der andere ist nicht weniger fremdbestimmt als der von Angestellten. Auch als Unternehmer müssen Sie freundlich sein zu Auftraggebern und einigermaßen nett zu Mitarbeitern. Sie müssen sich zusammensetzen,

---

4 Svenja Hofert: Das Karrieremacherbuch. Erfolgreich in der Jobwelt der Zukunft. Frankfurt 2009

immer wieder … Es bleibt also nur eins: Lernen Sie auf den folgenden Seiten zusammen mit Stephan, wie Sie das Beste aus dem Unvermeidbaren machen:

- Warum Sie wissen sollten, ob Sie es mit einer Truppe, einem Haufen, einer Mannschaft oder einem Stammtisch zu tun haben.
- Wenn die anderen ein Stammtisch sind …
- Wie Sie sich selbst ein Meeting mixen.
- Wie Sie Spannung ins Spiel bringen.
- Warum Sie fünf Minuten in die Erziehung Ihres Chefs investieren sollten.
- Wie Sie sinnlos verschwendete Zeit besser nutzen.
- Wie Sie die Show-Bühne nutzen.
- Wie Sie von der grauen Maus zur grauen Eminenz werden.

truppe oder haufen, mannschaft oder stammtisch?

Stephan fragt: Warum sind einige Meetings chaotisch, andere langweilig, die nächsten einfach nur uneffektiv?

Sie, lieber Leser, sind mit Sicherheit eine sehr interessante Persönlichkeit. Vielleicht haben Sie auch ein paar Ecken und Kanten. Wenn Sie in einer Gruppe sind, verschmelzen diese jedoch zu einer Gruppenpersönlichkeit. Das hört sich vielleicht schräg an, ist aber wahr. Gruppen bündeln die Eigenschaften ihrer Mitglieder. Und deshalb verlaufen Meetings so unterschiedlich.

Sehr deutlich spürten wir den Unterschied, als wir erst Seminare mit Lehrern, dann mit Kreativen, dann mit Therapeuten und die Woche drauf mit Beamten hatten. Die Lehrer wollten es nett zusammen haben. Sie verhielten sich wie bei einem netten **Stammtisch,** bei dem sich alle super verstehen und nett zueinander sind, aber ziemlich durcheinanderreden.

Die Therapeuten waren wie eine **Mannschaft,** erinnerten an eine geordnete Wandergruppe, die auf ein klar strukturiertes Ziel hinauslief.

Die Kreativen waren mit ihren Ideen schwer zu bändigen. Einer war individualistischer als der andere, ein echter **Haufen.**

Die Beamten schließlich verlangten einen Zeitplan und fanden Anekdoten, über die sich Kreative schieflachen, überhaupt nicht spaßig. Es war eine straff organisierte **Truppe.**

Vier Gruppenpersönlichkeiten

Stammtisch, Mannschaft, Haufen und Truppe kennzeichnen die Gruppenpersönlichkeiten. Solche Persönlichkeiten entstehen durch die Summe ihrer Mitglieder. Wie bei den Einzelpersonen herrschen auch bei der Gruppe Tendenzen vor. Es diese sind vier: Distanz oder Nähe, Dauer oder Wechsel.[5]

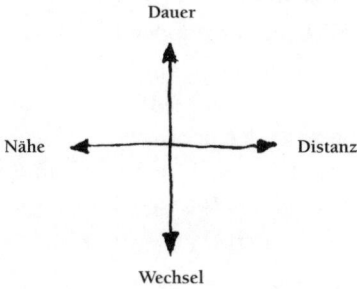

5 In der Fachliteratur heißt das Modell Riemann-Thomann-Modell nach Fritz Riemann (1975) und Christoph Thomann (1988), der zum Arbeitskreis des bekannten Kommunikationspsychologen Friedmann Schulz von Thun gehört. Vgl. z. B. Eberhard Stahl: Dynamik in Gruppen. Handbuch der Gruppenleitung. Weinheim 2002

Die vier Tendenzen werden repräsentiert von den 4 Buchstaben DNDW. Sie beschreiben entgegengesetzte Pole, also gegensätzliches Empfinden, aus dem unterschiedliches Verhalten resultiert. Dominieren dauerorientierte Teilnehmer, so herrscht der Wunsch nach Ordnung, Struktur und Überschaubarkeit vor. Dominieren wechselorientierte Teilnehmer, so geht es kreativ und ideenreich zur Sache.

Zu Dauer oder Wechsel gesellen sich Nähe oder Distanz. Distanzmenschen sind sachlich, eigenständig und halten sich zurück, wohingegen Nähemenschen emotionaler sind und gern nah heranrücken – sogar körperlich ist dies oft spür- und sichtbar. Privates zu erzählen fällt Distanzlern eher schwer. Es kann sein, dass Distanzmenschen – Stephan ist so einer – eigentlich gern näher mit den anderen verbunden sein würden, dass also Selbst- und Fremdbild auseinanderklaffen. Nähemenschen sind dagegen am Persönlichen interessiert. Sie »kuscheln« gern, im Job nur im übertragenen Sinn natürlich.

Vier extreme Beispiele
So entstehen »Felder« in Gruppen, in denen bestimmte Ausprägungen blühen und gedeihen. Dauer-Distanz-Gruppen entwickeln sich kühl und klinisch zur Truppe, Distanz-Wechsel-Gruppen werden unberechenbar zu einer Art Haufen, Dauer-Nähe-Gruppen stellen sich auf zu einer strukturierten Mannschaft und Nähe-Wechsel-Gruppen zeigen sich als kuschelnder Stammtisch.

In der Zeichnung unten sehen Sie die oben präsentierten vier extremen Beispiele: das Filmteam, die Lehrer, Therapeuten und Beamten. Jedes X symbolisiert ein Gruppenmitglied. Wie stark die Ausprägung bei einzelnen Teammitgliedern ist, lässt sich oft nach rund 20 bis 30 Minuten erspüren. Außerdem gibt es dazu Tests, z.B. im Internet.[6] Übrigens, um keine Missverständnisse aufkommen zu lassen: Natürlich sind Kreative nicht immer Haufen, Beamte nicht notwendigerweise eine Truppe, Therapeuten müssen nicht Stammtische sein und Lehrer nicht Mannschaften.

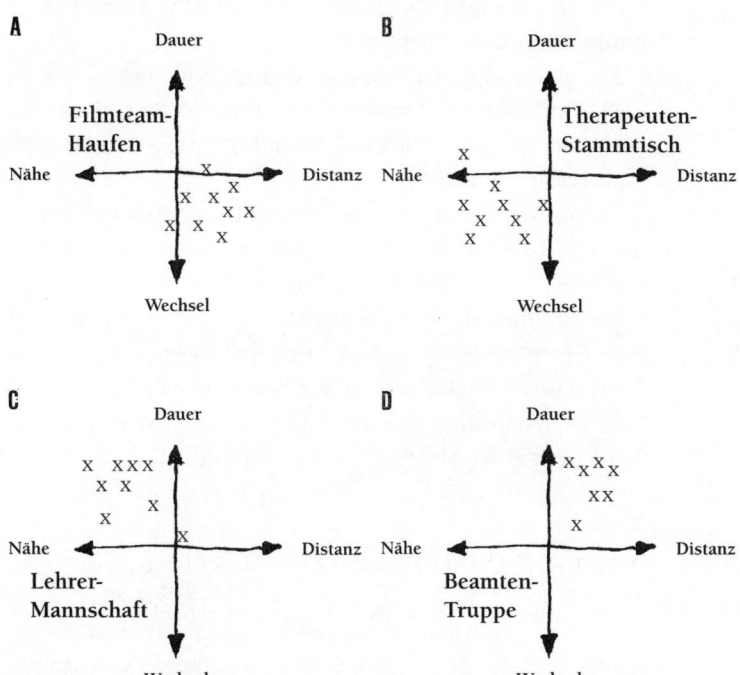

Schauen Sie sich die beiden Gruppen an. Ahnen Sie, was bei Meetings und Gruppentreffen passiert?

Das Filmteam (A) ist ein unkontrollierbarer, unberechenbarer »Haufen« aus Individualisten, der sich selbst kaum steuern kann. So ein »Haufen« braucht Ordnung und Struktur durch eine kompetente Moderation – nur dann kommen vernünftige Ergebnisse heraus.

Die Therapeuten (B) machen den ganzen Tag auf Kaffeekränzchen (weil die Uhrzeit noch nicht reif ist für den Stammtisch). Sie brauchen Sachlichkeit und Ordnung, um effizient arbeiten zu können.

Die Lehrer (C) wollen nett und geordnet beieinander sein. Sie brauchen Impulse durch Lockerheit, Ideen, Kreativität. Außerdem wäre etwas Distanz hilfreich.

Die Beamten (D) brauchen etwas mehr Beziehung zu- und untereinander sowie ebenfalls Ideen und Kreativität.

Sie sehen: Der Moderator sollte ausgleichen und regulieren. Denn: Die maximale Leistungsfähigkeit entsteht dort, wo alle Tendenzen gleichberechtigt vorhanden sind.

hilfe, die anderen sind ein stammtisch!

Stephan erkennt sich: Ich bin ein Distanz-Dauer-Typ und deshalb empfinde ich die Abteilungsleiter-Treffen als ätzend. Die sind nämlich von Nähe und Wechsel bestimmt!

Wenn Stephan als Dauer-Distanz-Typ in einer Nähe-Wechsel-Gruppe landet, fühlt er sich unwohl. Die Gruppe hat Spaß am Austausch, liebt Persönliches und frönt dem Small Talk. Ideen steigen auf wie Luftballons und es herrscht fast Jahrmarktatmosphäre. Sehr stressig für jemanden mit einer Dauerprägung wie Stephan. Die anderen hingegen werden Stephan entweder als seltsam oder störend empfinden. Womöglich herrscht sogar Antipathie auf beiden Seiten.

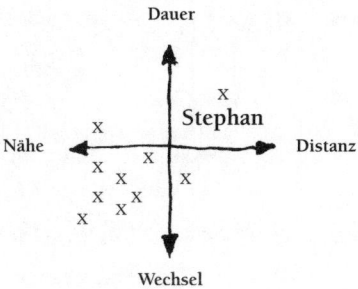

Schwierig: Stephan und ein »Stammtisch«-Team

Dabei könnte Stephan der Gruppe Führung geben, Struktur, Sicherheit und Halt. Er darf aber nicht mit dem Vorschlaghammer vorgehen. Besser: Sich interessiert zeigen an iPhone-Apps, nach den Kindern der Selbstdarsteller fragen, freundlich und gemäßigt persönlich sein – und dann langsam Richtung Struktur lenken. Auch sehr hilfreich: Von »wir« reden, nicht von »ich«. Denn »ich« ist Distanzler-Deutsch, Näheorientierte lieben »wir«. Stephan könnte etwa sagen: »Wir profitieren alle davon, wenn wir heute mal nach Plan vorgehen.«

Hat Stephan es mit einem »Haufen« zu tun, ist das »ich« dagegen wieder in Ordnung. Überhaupt steht er dem Haufen etwas näher. An ihm nervt ihn aber das Unstrukturierte. Um den »Haufen« zu bändigen, müsste Stephan Individualität unterstreichen, Ideen und Querdenken Raum geben. Dann kommt er auch hier bestens klar.

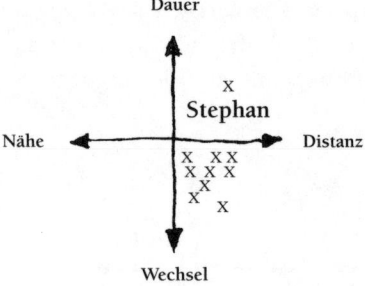

Auch nicht einfach: Stephan und ein »Haufen«-Team

Ein kleines Unternehmen aus der Kreativbranche hatte eine starke »Haufen«-, also Distanz-Wechsel-Prägung. Die Mitarbeiter sprudelten vor Ideen, ließen aber gleichzeitig kein gutes Haar an den Vorschlägen der anderen. Das ist typisch: Kritik, Querdenken bis hin zum Revoluzzertum sind zu Hause in Distanz-Wechsel-Gruppen.

Ein für ein Meeting eingeschalteter externer Moderator, selbst ein »Stephan«, bekam das deutlich zu spüren, denn im Feedback machte ihn die Meute nieder. Langweilig sei die Veranstaltung gewesen, überflüssig und ohne neues Ergebnis. In anderen Gruppen hatte derselbe Moderator immer Bestnoten erhalten und war entsprechend irritiert.

Im Überblick: Die Grundtendenzen und was das für das Meeting bedeutet

Ausprägung der Gruppe	Grundhaltung der Gruppe	Gefahr	To-do für Sie als Moderator
Dauer-Distanz	Truppe: effizient, autoritär, sachlich, aber ideenlos	kühle Langweile, es fehlen Intuition und Kreativität, Leichtigkeit	Beispiele, Witz, Kreativität und Abwechslung einbringen
Distanz-Wechsel	Haufen: unberechenbar, kühl, aber kreativ	planloses Verzetteln, Zeitüberschreitung, keine greifbaren Ergebnisse	Struktur und Zeitplan einbringen, Vertrauen aufbauen
Nähe-Dauer	Mannschaft: warmherzig und strukturliebend, aber langweilig	nette Langweile, Mangel an neuen Ideen, Stillstand	Beispiele, Witz, Kreativität, Lob, Abwechslung und Nüchternheit (Fakten) einbringen
Nähe-Wechsel	Stammtisch: warmherzig und kreativ, aber chaotisch	Chaos, »Man-könnte-ja-mal-Mentalität«, Stammtischatmosphäre	Ordnung, Struktur, Regeln, Fakten und Zeitplan einbringen, Lob, Umgang mit Kritik

mixen sie sich doch mal selbst ein meeting

Stephan sagt: Wenn ich könnte, würde ich Besprechungen selbst leiten. Dann könnte ich meinen Struktursinn einbringen.

Warum eigentlich nicht mal selbst machen, anstatt immer nur meckern? Die Leitung eines Meetings muss keine Chefsache sein. Schlagen Sie Ihrem Vorgesetzten doch mal vor, das zu übernehmen. Wechselnde Moderationen sind eine gute Idee, um Meetings spannend zu halten. Jeder muss sich mal bewähren und darf sich präsentieren.

Endlich können Sie auf straffe Organisation achten! Fangen Sie an damit, indem Sie das Ziel des Meetings glasklar definieren. Glasklar heißt, dass auch gesagt ist, wann das Ziel erreicht ist, zum Beispiel, wenn Sie 10 Themenideen für neue innovative Bücher gesammelt haben.

Starten Sie auf die Minute pünktlich. Zu-spät-Kommer? Strafen Sie mit eiskaltem Blick und ignorieren Entschuldigungen. Auf keinen Fall Verständnis für die immer gleichen Ausreden walten lassen. Wenn manche Herren und Damen ihre Wichtigkeit auf diese Weise demonstrieren müssen, sagen Sie nicht »kein Problem«, sondern »wir starten pünktlich«. Das verschafft Ihnen Respekt. Ganz wichtiges Symbol ist die geschlossene Tür, wenn Sie begonnen haben. Geht sie auf, starren alle auf den Übeltäter. Das wird er beim nächsten Mal vermeiden wollen.

Da gähnt jemand? Rütteln Sie das »Dreamteam« mit einem lauten Aufprall des Stiftes oder anderer Instrumente auf. Gehenlassen ist nicht! Stellen Sie die Regel auf, dass es zu jedem Tagungspunkt ein Ergebnis geben soll, und halten sie fest, wer was bis wann erledigt haben muss.

Seien Sie zwar straff, vergessen Sie aber nicht, dass die anderen auch mal ein Lob brauchen. Bedanken Sie sich für die Redebeiträge und Ideen Ihrer Kollegen. Achten Sie ganz besonders darauf, wenn Sie ein Dauer-Distanz-Typ sind. Holen Sie Feedback ein! Fragen Sie am Ende des Meetings kurz ab, wie zufrieden die Teilnehmer auf einer Skala von 1 bis 10 waren. Und fragen Sie bei dieser Gelegenheit auch gleich, was gut war – und was beim nächsten Mal besser gemacht werden könnte.

Die 8 wichtigsten Meeting-Regeln

1. Ohne Ziel und Agenda kein Meeting.
2. Bestimmen Sie einen Zeitwächter.
3. Klare Zeitvorgaben für Vorträge und Präsentationen. Überzieher? Unterbrechen!
4. Nicht länger als 20 Minuten ohne Medien- oder Positions-wechsel, sonst schlafen die Teilnehmer ein.
5. Keine Besprechungseinheit länger als 90 Minuten!
6. Moderator sein heißt: Redebeiträge von anderen managen, aber selbst neutral sein.
7. Der Mix macht's: Etwas Small Talk, klare Struktur, Abwechslung und Witz gruppengerecht dosieren.
8. Fassen Sie die Ergebnisse am Ende zusammen!

spannung ins spiel bringen

Stephan sagt: Manche Meetings empfinde sogar ich als Dauer-Distanz-Typ als langweilig. Wie kann man das spannender machen?

Der Klassiker unter den Langweilern ist die ellenlange Power-Point-Präsentation. Die grausamsten Präsentatoren haben die »Charts« ordentlich vollgeknallt und lesen jeden einzelnen Punkt ab. An den Nerven zehren auch endlose Detailerzäh-lungen. Übel sind weiterhin Ziffernreihen und das massen-hafte Um-sich-Werfen mit Jahreszahlen. Dabei müssten selbst Fakten-Präsentationen nicht langweilig sein. Uns begegnete einmal ein Redner, der sogar das Thema »Endabrechnung« spannend verpacken konnte. Er streute hier und da eine Anekdote, sprach Teilnehmer direkt an und nutzte neben PowerPoint auch mal das Flipchart. So was mögen nüchterne Dauer-Distanzler wie Stephan!

Interessant zu präsentieren ist keine Kunst. Sammeln Sie drei, vier Anekdoten und erzählen Sie diese immer wieder unterschiedlichen Menschen. Schmücken Sie die Geschichten immer weiter aus, bis es runde Geschichten werden. Und schon haben Sie Stoff für Präsentationen aller Art. Das ist das Prinzip der meisten erfolgreichen Redner: Sie erzählen immer das Gleiche, aber unterschiedlichen Leuten.

Ein Anti-Gähn-Mittel der Extraklasse ist der Perspektivenwechsel. Betrachten Sie Probleme aus der Perspektive des Abteilungsleiters, wenn Sie Programmierer sind, und als Abteilungsleiter aus der Sicht des Programmierers: »Herr XY, jetzt sind Sie mal Entwickler. Wie fühlen Sie sich, was sehen Sie?«

investieren sie 5 minuten in die erziehung ihres chefs

Stephan sagt: Aber was mache ich, wenn ich mit meinem Chef in einer Besprechung bin? Der hält sich an keine Regeln.

Kumpelchefs, also Nähe-Wechsel-Menschen, können Sie Meetingregeln leicht unterschieben. Schließlich sind sie meist offen für Vorschläge aller Art. Effizienz-Chefs (Dauer-Distanz) dagegen reagieren positiv auf Fakten. Sagen Sie so was wie: »Wussten Sie, dass wir beim letzten Meeting 90 Prozent der Zeit für die Diskussion über die neuesten iPhone-Apps, aber nur 10 Prozent für das eigentliche Thema verwendet haben?«

Ist Ihr Chef ein Selbstdarsteller (meist Dauer-Wechsel), der sich in seinem Erfolg sonnt? So jemandem können Sie sagen: »Ich habe gehört, wie XY [ersetzen durch den Namen von jemandem, den der Vorgesetzte bewundert] nach der Einführung von Meeting-Regeln in den Vorstand befördert worden ist.« Ist der Chef expertenhörig (das können alle DNDW-Typen sein) und nickt bei Begriffen wie »Buchautor«, »berühmter Speaker« oder »Professor Doktor«, sagen Sie, dass Sie beim Experten-Moderationstraining teilgenommen haben (oder alternativ einen Vortrag gehört). Behaupten Sie, der Experte hätte gesagt, dass die meisten Chefs einfach keine Meetings leiten können. Und dann platzieren Sie Ihre Geheimrezepte.

Stephan: Ich hab noch ein Problem: Mein Chef stellt auch meine Erfolge immer als seine dar.

Reden Sie über Ihre Leistungen, bevor es Ihr Chef tut. Informieren Sie Kollegen in der Kantine, auf dem Flur und vor dem offiziellen Meeting-Start offenherzig von Fortschritten, die natürlich auf Ihr Konto gehen. So hat der Boss gar keine Chance, sich mit fremden Federn zu schmücken.

verschwendete zeit besser nutzen

Stephan sagt: An den grauenvollen Vorstandsbesprechungen werde ich nicht viel ändern können ... Da muss ich allein schon aus politischen Gründen anwesend sein.

Erinnern Sie sich, wie es in der Schule oder im Studium war? Kaum hatte sich der Lehrer oder Dozent zur Tafel oder zum Beamer weggedreht, konnten Sie sich mit wichtigeren Dingen beschäftigen: im Internet surfen, eine Skizze der idealen Aufstellung im Spiel Werder Bremen gegen Bayern München aufmalen, pinke Schäfchen oder ein neues Outfit für Lady Gaga zeichnen.

Auch in unabänderbar schrecklichen Meetings spricht nichts dagegen, sich zeitweise gedanklich mit anderen Dingen zu beschäftigen. Wir kennen jemanden, der in einer Sitzung seinen Business-Plan durchdacht und sich die Eckpunkte auf seinem Marriott-Block notiert hat.

Machen Sie es aber unauffällig. Nehmen Sie auf die hohe Politik Rücksicht. Tauchen Sie nicht komplett ab, sondern nicken Sie gelegentlich wohlwollend in die Runde. Nicken Sie dem Vorstand oder anderen wichtigen Teilnehmer zustimmend zu, das werden diese als Wertschätzung erkennen. Kennen Sie nicht auch Menschen, die immer so wirken, als seien Sie zu hundert Prozent geistig anwesend? Wir wissen aus unseren Seminaren, dass solche stets besonders sympathisch und präsent wirkenden Teilnehmer oft geistig am weitesten weg sind, zum Beispiel in der Südsee. Aber sie würden sich nie dabei erwischen lassen! Sie lächeln nett, und alles ist gut. Genau so geht's.

Virtuell macht schnell

Wie sehr wir von Besprechungen abhängig sind, zeigte sich im Jahr 2010. Der Ausbruch eines isländischen Vulkans legte den Flugverkehr lahm. Tausende wurden auf Urlaubsinseln und in fremden Städten festgehalten. Aus lauter Verzweiflung – was tun, wenn man sich nicht besprechen kann? – veranstalteten die ihrer Live-Meetings beraubten Geschäftsleute europaweit virtuelle Besprechungen. Und waren erstaunt, wie zeitsparend diese sein können. Virtuelle Meetings bieten die Möglichkeit, einen Teil sinnlos verschwendeter Zeit zu vermeiden (den des

Small Talks). Wir kennen Arbeitnehmer, meist aus der IT-Branche, die schon lange nicht mehr beim Unternehmen, sondern von zu Hause aus arbeiten und sich via Internet mit den Kollegen besprechen. Alle berichten, dass dies Selbstdarstellung und Leerlaufzeiten deutlich reduziert.

Sollte Ihr Unternehmen noch nicht auf den Internet-Besprechungs-Zug aufgesprungen sein, bringen Sie dies doch einfach mal als Idee in ein besonders überflüssiges Meeting ein. Virtualisieren Sie aber nicht alles. Wirklich wichtige Besprechungen brauchen den direkten menschlichen Kontakt. Und Teams müssen sich mindestens einmal gesehen haben, um dann im Internet weiter zusammenarbeiten zu können.

die showbühne nutzen

Stephan sagt: Einen Punkt haben wir noch nicht besprochen. Wie gehe ich mit diesen Selbstdarstellern um? Mein Chef ist ja auch so einer.

Selbstdarsteller mögen das Virtuelle normalerweise nicht. Für sie ist das Meeting eine Art Showbühne; sie werden alles dafür tun, dass die gute alte Live-Besprechung erhalten bleibt. Für sachorientierte Menschen dagegen ist schwer nachzuvollziehen, dass karrieretechnisch vor allem Typen die großen Pokale abräumen, an deren Know-how ernste Zweifel bestehen.

Trotzdem müssen wir Ihnen nicht erst erzählen, dass Selbstdarsteller karrieretechnisch nicht selten sehr weit kommen. Das liegt daran, dass sie sichtbar sind. Und sichtbar werden können Sie auch. Kopieren Sie dazu Erfolgsmuster der Selbstdarsteller, zum Beispiel das Reden ohne Inhalt. Es geht nicht darum, kluge Dinge zu sagen, sondern überhaupt etwas.

Einmal kam ein Geschäftsführer in den Konferenzraum zurück, denn er hatte seinen Blackberry vergessen. »Oh, Sie haben Ihren Blackberry vergessen«, sagte ein unscheinbarer Projektmanager, von dem der Chef noch nie Notiz genommen hatte. Das war wirklich nicht besonders intelligent, aber dennoch wichtig. Einen Tag später trafen sie sich im Fahrstuhl wieder und redeten über Spiegel im Fahrstuhl, und wie oft diese wohl geputzt würden. Jetzt hatte der Geschäftsführer den Mitarbeiter bemerkt und sprach ihn beim nächsten Meeting das erste Mal direkt an. Er war sichtbar geworden – durch dummes Gerede.

Eine andere Möglichkeit, für einen weithin beachteten Auftritt zu sorgen, bietet das Fakten-Kontern. Selbstdarsteller sind da meist schwach auf der Brust. Sie aber können mit Ihrem Wissen glänzen. Das geht so: Der Selbstdarsteller behauptet etwas – und Sie kontern schlau, zum Beispiel: »Das stimmt nicht ganz, 1978 waren es nur zwei Prozent.«

graue eminenz statt graue maus

Stephan: Wenn ich ehrlich bin, dann beneide ich meinen Chef. Wenn der reinkommt, sind alle still.

Die schlechten Selbstdarsteller sind Blender, die guten Charismatiker. Manche Charismatiker sind aber auch gar keine Selbstdarsteller, sondern graue Eminenzen, Querdenker oder Visionäre. Doch von der grauen Eminenz ist es nicht weit zur grauen Maus, und den Querdenker und den Besserwisser trennt auch nur ein kurzer Weg. Jede positive Rolle hat einen negativen Gegenpart, und es sind nur Nuancen, die sie unterscheiden. Das ist das, was man Charisma nennt.

Positiv und mit Charisma	Negativ und unauffällig oder mit Nervfaktor
guter Selbstdarsteller	Blender
graue Eminenz	graue Maus
Querdenker	Besserwisser
Kritiker	Nörgler
Visionär	Selbstdarsteller, Blender

Sind Sie eher graue Maus oder graue Eminenz? Dazwischen liegen keine Welten, sondern nur ein paar Eigenschaften, die der (für andere) positive Charakter hat und der negative nicht:

- Die Fähigkeit, Menschen direkt anzusprechen und auf sie einzugehen.
- Das Talent, positive Visionen vermitteln zu können. (»He, es geht zum Mars!«)
- Das Talent, von »wir« zu sprechen.
- Die Klarheit in den eigenen Aussagen. (»Ich sehe das so ...«)
- Die Selbstsicherheit, sich nicht durch andere Ansichten von Überzeugungen und Positionen abbringen lassen.
- Eine gegenwartsorientierte Denkweise.
- Ein offener Blick und eine zugewandte Körpersprache.

Diese Eigenschaften können Sie sich schrittweise aneignen, es erfordert allerdings höchste Konzentration und Selbstbeobachtung. Fangen Sie mit einer an. Ist die Eigenschaft »gelernt«, gehen Sie zur nächsten über. Beispiel: Gegenwartsorientierung. Wenn Menschen im Wir-Gefühl aufgehen sollen, brauchen sie jemanden, der sie im Hier und Jetzt abholt und in eine positive Zukunft führt (anstatt über Vergangenes zu meckern oder Schreckensszenarien zu beschwören und Grenzen zu benennen). Statt darüber zu klagen, von wem noch alles Daten oder Informationen fehlen, könnten Sie an das gemeinsame Ziel appellieren und herausstellen, was alle vom Mitmachen haben. Dann noch mit etwas »wir« würzen und schon steigt Ihr Ansehen. Langsam, aber sicher.

das überlebenstraining für montag im schnell-durchlauf

- Prüfen Sie, ob Sie wirklich an den Meetings teilnehmen müssen und streichen Sie sich von der Liste, wenn nicht einer der folgenden Faktoren gegeben ist:
  - ○ Es wäre politisch gut, die eigenen Erfolge darzustellen.
  - ○ Sie müssen sich mit Teilnehmern terminlich und inhaltlich abstimmen, und das geht nur im Meeting.
  - ○ Sie sind der Chef und müssen die Veranstaltung leiten.
- Bei was für einer Gruppenpersönlichkeit sind Sie gelandet? Schauen Sie sich die Leute mal näher an. Ist es eine Truppe, ein Haufen, eine Mannschaft oder ein Stammtisch? Passen Sie Ihr Handeln entsprechend an.
- Bei der nächsten Gelegenheit übernehmen Sie selbst die Moderation eines Meetings!
- Werden Sie zum Chef-Flüsterer und erziehen Sie Selbstdarsteller und Kumpeltypen sanft.
- Wenn Sie während des Meetings andere sinnvolle Dinge tun, lassen Sie sich nicht dabei erwischen.
- Denken Sie über Ihre eigene Rolle nach. Ist sie positiv oder negativ? Wenn negativ: Was müssten Sie tun für einen positiven Dreh? Machen Sie sich so selbst ein wenig charismatischer!

Dienstag: Ich muss immer die ganze Arbeit machen!

Eine Gruppe von Kollegen ist wie ein gieriges Monster. Sie verschlingt den einzelnen Menschen. Der Arbeitseinsatz der Teammitglieder verschmilzt im gemeinsamen Leistungstopf zu einer Suppe. Hauptsache, es schmeckt dem Chef. Dass manchmal nur einer richtig kocht, ist ihm (leider oft) egal. Den engagiert kochenden Mitarbeitern aber nicht. Sie ärgern sich, wenn sie allein in der Küche stehen und für die Team-Suppe zuständig sind!

Lena findet, dass Teamarbeit von faulen Menschen erfunden wurde, die ihre Kollegen absichtlich ausbeuten. Die 32-jährige Marketingassistentin arbeitet bei einem mittelständischen Markenhersteller für Filzstifte. Sie hat sich den Dienstag als Übungstag ausgewählt, »weil das ein Tag ist wie jeder andere«.

Erfahrungsbericht von Lena

Lena begründet die Aufnahme in das Trainingscamp der Anonymen Einzelkämpfer mit folgendem Brief:

Liebes Team,

ich möchte Euch gleich eine Geschichte erzählen. Meine Kollegin heißt Gerda, und eines Nachts, so gegen 22 Uhr, überraschte ich mich selbst dabei, wie ich IHREN Bericht innerhalb der Deadline zu Ende schrieb. Das war die Nacht, in der ich erkannte, dass ich dringend etwas verändern muss.

Ich mache die ganze Arbeit in unserem Team. Ich komme als Erste und gehe als Letzte. Ich bin nie vor 20 Uhr zu Hause und muss oft auch am Wochenende Projekte retten, die sonst nicht fertig geworden wären. Gerda, die auch Assistentin ist und theoretisch das gleiche Aufgabengebiet hätte wie ich, geht nach Hause, wann immer es ihr passt. Sie hat vermutlich seit 1996 nicht mehr wirklich gearbeitet. Das ist das Jahr, in dem sie eingestellt wurde. Der Chef und die Kollegen kommen nicht mal auf die Idee, ihr die ganzen Aufgaben zu geben, die bei mir landen. »Lena hier, Lena da. Du kannst das doch so gut.« Naja, was soll ich da machen? Ich tu's.

Felix ist Account-Manager, kümmert sich aber nur um die Jobs, die direkt von den Kunden gesehen werden. Den Rest muss ich machen. Das soll dann alles schnell und sofort gehen. »Der Kunde ist König«, sagt er, eine Meinung, die ich teile. Nur meint er das anders als ich, nämlich »der Kunde hat alles schnell zu bekommen.« Dabei ist es doch viel besser, wenn die Dinge gut und sorgfältig erledigt werden. Das kapiert er einfach nicht.

Walter, unser Leiter Marketing und Vertrieb, lässt die Zügel locker. Er hält sich aus allem raus. »Organisiert euch selbst«, sagt er. »Hauptsache, das Ergebnis stimmt.« Genügend »Gestaltungsspielraum« will er uns lassen. Wenn das am Ende dazu führt, dass eine – ICH! – die ganze Arbeit macht?

Bitte helft mir! Ich stehe kurz vorm Burn-out, Eure Lena

Das Team

- Lena, Marketingassistentin, die mehr arbeitet als alle anderen im Team.
- Gerda, auch Marketingassistentin mit gleichem Aufgabenbiet – arbeitet indes viel weniger.
- Felix, Account-Manager, einer von denen, die Lena mit Arbeit überlasten.
- Walter, ein Chef, der sich aus allem heraushält.

Hintergrund: Die Wahrheit über kollegiale Faulheit

Faule Kollegen haben oft schon früh ein Ausbeutungsschema entwickelt: In der Schule sind sie es, die auf die Lösungen des Nachbarn schielen, Hausaufgaben abschreiben und sich sogar die Pfuschzettel vervielfältigen lassen (»Du, ich geb dir 50 Cent, wenn du deinen Spickzettel mal gerade kopierst.«). Auf der Arbeit werden sie zu Kollegen, die den Weg des geringsten Widerstands und einfachsten Joblebens beschreiten. Aufgaben und Projekte, die – zeitlich und geistig – über ihren Horizont gehen, lehnen sie ab oder erledigen sie so, dass andere Teammitglieder Mehrarbeit leisten müssen. Stress ist ihnen weitestgehend fremd, weil sie immer früh genug nach Hause gehen. Wahrscheinlich haben sie Zeit für ein ausuferndes Privatleben und können es sich leisten, nebenbei ehrenamtliche Fußballtrainer für F- und E-Jugend-Mannschaften zu sein.

Kommt Ihnen das bekannt vor? Einer erledigt alles, ist das »Arbeitsopfer« des restlichen Teams. In unseren Interviews war die ungerechte Verteilung der Aufgaben im Team eines der Top-Argumente der Teamarbeits-Gegner. Die Angloamerikaner nennen diesen vor allem in Konzernen und Verwaltungen verbreiteten Typ »lazy co-worker« und es gibt im Internet reihenweise Tipps »how to survive lazy co-workers«[7]. Und ums Über-

---

7 Scary Work Scenario: And I Have to Spend All Day with These People?, gefunden bei www.oprah.com

leben geht es wirklich, denn zu viel Arbeit kann krank machen. Das zeigt aber auch eine aktuelle Gesundheitsstudie der DAK-Krankenkasse, die feststellt, dass die Arbeitsbelastung und mit ihr die Zahl psychischer Erkrankungen in den letzten Jahren immer weiter gestiegen ist.[8] Dass die Teamarbeit mit zum Krankwerden beiträgt, haben auch unsere Interviews im Rahmen der Teamhasser-Studie bestätigt.

Es gibt zwei Typen von Menschen, die besonders unter kollegialer Faulheit leiden: Arbeitsopfer und Ehrgeizlinge.

Die Arbeitsopfer

Arbeitsopfer stecken in einem Teufelskreis: Eines oder mehrere Teammitglieder, nicht selten auch der Chef, bürden ihnen immer mehr Arbeit auf. Oft verteilen sie dabei Lob oder die stille Anerkennung des Nichts-Sagens, was dem Opfer den Eindruck vermittelt, unentbehrlich zu sein. Schließlich werden die Arbeitstage immer länger, die Belastung steigt und steigt. Die Marketingassistentin eines Hamburger Unternehmens übernahm nach und nach Aufgaben, die zuvor drei Mitarbeiter ausgeübt hatten. Um sie bei der Stange zu halten, stellte ihr der Vorgesetzte vage eine Teamleitung in Aussicht. Irgendwann kippte die Mitarbeiterin um – Burn-out, Auszeit, Kündigung. Die Stelle wurde schleunigst mit einer jungen Absolventin besetzt, die sich wie ihre Vorgängerin aufopferte. Tatsächlich sind Arbeitsopfer überwiegend Frauen. Sie neigen mehr noch als Männer dazu, Anerkennung und Bestätigung bei Vorgesetzten und Kollegen zu suchen.

Manche Arbeitsopfer schieben 12-, 14-, 16-Stunden-Schichten. Ja, es gibt sogar einige, die noch samstags in die

8 DAK-Gesundheitsreport 2009, unter www.dak.de

Firma kommen. Sie sagen nichts oder wie Lena »so geht das nicht weiter«, aber der Effekt ist derselbe: Ihre Umgebung nutzt sie aus.

Die Ehrgeizlinge

Ehrgeizlinge sind häufig Männer. Sie übernehmen die Jobs der Faulen nicht ohne zu meckern. Sie ärgern sich grün über Mitarbeiter, die vor langer Zeit aufgehört haben, sich für den Job zu engagieren.

Ein engagierter Projektmanager vom Typ Ehrgeizling erzählt, dass es in der kaufmännischen Abteilung einer weltweit tätigen Baufirma Mitarbeiter gäbe, die zusammengerechnet nicht mehr als 20 Minuten am Tag ihrer Arbeit nachgingen. Er – der sich als eine Art Effizienz-Kontrolleur ansah – hat das beobachtet und nachgerechnet. Bei seinem direkten Chef lösten seine Ergebnisse jedoch keineswegs Freude, sondern Ärger aus: So genau wollte er es nicht wissen.

Das ist das Problem der Ehrgeizlinge: Sehr gern würden sie die Faulen anschwärzen, treffen aber nicht selten auf ein Umfeld, das sie mit ihrem Anliegen alleinlässt.

An Unis führt diese Situation regelmäßig zu Verzweiflungstaten. Ein Student musste eine Seminararbeit mit vier Kollegen erstellen, von denen zwei schon nach der ersten Besprechung untertauchten. Das gefährdete die Note der anderen beiden, die andererseits aber keine Lust hatten, für die zwei Faulen in die Bresche zu springen. In ihrer Not sperrten sie die beiden Faulen drei Tage in ihren Studentenzimmern ein. Das irritierte diese so, dass sie anfingen zu arbeiten und auf eine polizeiliche Anzeige verzichteten. Bitte nicht nachmachen …

Überlebensstrategien

Verflixt! Lena fühlt sich durch zu viel Arbeit überlastet und von den anderen ausgenutzt. Der Chef lässt sie allein. Wir würden ihm gern ein Führungstraining anbieten, später. Jetzt ist erst mal Lena dran. Sie muss aus ihrer Opferrolle rauskommen und gegen zu viel Arbeit und faule Kollegen kämpfen! Das ist die wichtigste Regel: Nicht alles gefallen lassen! Nehmen Sie die Zügel in die Hand und stellen Sie sich vor, Sie sind Dompteur. Dressieren Sie Ihr Team.

Das Dienstags-Trainingscamp beinhaltet die folgenden Etappen:

- Greifen Sie in die Trickkiste gegen faule Kollegen.
- Weg mit dem Helfersyndrom!
- Warum Sie »es« rauslassen müssen.
- Wie Sie das Nein-Sagen lernen.
- Warum Sie schön schlampig werden sollten.
- Warum Sie mal die Perspektiven tauschen sollten.
- Weshalb es gut ist, nett zu sich selbst zu sein.

die trickkiste gegen faule kollegen

Lena fragt: Gibt es Tricks, die Gerdas und Felixe dieser Welt zu bändigen?

Finden Sie nicht auch: Faul und faul ist nicht das Gleiche. Art und Grad der Faulheit variieren. Entsprechend unterscheiden sich auch die Maßnahmen, mit denen Sie Ihre Lazy Co-Workers bekämpfen können.

Das Problem: Termin-Faulheit

Ihr Kollege stellt seine Arbeit einfach nicht termingerecht fertig. Deshalb können Sie nicht weitermachen. Die Lösung: Vereinbaren Sie minutengenaue Termine, bis wann Sie mit der fertigen Arbeit rechnen können. Erinnern Sie drei Mal in kurzen zeitlichen Abständen an überschrittene Daten. Setzen Sie Ihren Chef jeweils per »CC:« der E-Mail darüber in Kenntnis. Bringt das nichts, gehen Sie zum Boss und sagen Sie: »So geht das nicht.« Fordern Sie einen neuen Kollegen für die Lösung dieser Aufgabe oder verlangen Sie, dass der Chef ein letztes ernstes Wort mit dem Faulpelz redet.

Das Problem: Der Kollege liefert Mist

Der Kollege liefert immer nur miese Arbeit ab. Liegt es am schlechten Briefing? Hat er nicht alles verstanden? Klären Sie das. Finden Sie sich damit ab, dass nicht jeder mit einem hohen IQ gesegnet sein kann (aber sprechen Sie das bitte nicht aus). Sagen Sie, dass die Arbeit nichts taugt oder noch besser: Lassen Sie es den Chef sagen. Fragen Sie den Kollegen, ob er überhaupt Lust hat, diesen Job zu machen. Vielleicht kann er die ungeliebte Aufgabe mit einem anderen Kollegen tauschen?

Das Problem: Der Kollege spielt Chef

Der Kollege behandelt Sie, als sei er Ihr Chef und drückt Ihnen immer neue Jobs auf? Das ist ein typisches Faulheitsverhalten dominanter Menschen. Sprechen Sie das Thema an und lehnen Sie es offen ab, diese Jobs anzunehmen. Verhalten Sie sich genauso dominant und fordernd wie der Möchtegern-Chef: Verteilen Sie besonders fiese Aufgaben an Ihren Kollegen.

Das Problem: Dem Kollegen reicht auch ein »voll befriedigend«

Sie wollen bessere Arbeit leisten als der Kollege, der nach dem Motto »Weniger ist mehr« vorgeht? Klären Sie zunächst, was genau der Arbeitsauftrag ist und welche Leistung der Vorgesetzte erwartet. Weisen Sie den Kollegen darauf hin, dass seine Arbeit zur Zielerreichung nicht ausreicht, sofern die gemeinsame Leistung beim derzeitigen Engagement unter den Zielvorgaben bleibt. Suchen Sie sich dagegen andere Betätigungsfelder für Top-Leistungen, sofern »Weniger ist mehr« tatsächlich zur Zielerreichung (und Chef-Zufriedenheit) genügt. Vielleicht laufen Sie mal einen Marathon?

weg mit dem helfersyndrom

Gerda geht einfach, wenn sie ihre acht Stunden abgesessen hat, sagt Lena. Neulich schickte sie mir um 17 Uhr eine Mail mit einer halb fertigen Präsentation und der Bitte, diese noch an diesem Abend fertig zu machen. Was soll man da bloß tun?

Ach, das Helfersyndrom! Faule Teamkollegen kennen es gut – und nutzen es zum eigenen Vorteil. Sie schützen die alte Mutter, die kranken Kinder und die sechste Scheidung vor, die sie diese oder jene Aufgabe nicht schaffen lässt. Besonders übel ist es, wenn die faulen Kollegen dabei auch noch nett tun. Sie seien ja Single, ein Schatz und machten Ihre Sache immer sooo gut! Manche lassen den fleißigen Kollegen auch wortlos und ohne Lobhudelei auf seinem Arbeitsberg sitzen. Auch nicht besser.

Es gibt viele Gründe, Kollegen mit Wissen und Tipps zu helfen, aber keinen einzigen, ihnen die ganze Arbeit abzunehmen. Auch nicht, wenn sonst das Ergebnis insgesamt leidet wie bei einer Projektarbeit. Fehlt hier die regulierende Hand einer starken Führung, gibt es nur eine Lösung: sich nicht zum Deppen machen und die still oder explizit erwarteten Handlangeraufgaben links liegen lassen. Wenige Worte sind beim Abweisen von »Fremdarbeit« oft wirksamer als viele. Auf Gerdas Mail gar nicht zu antworten ist cooler als eine wortreiche Rechtfertigung. In Härtefällen, also bei absoluter Unverfrorenheit Ihrer Kollegen, vergelten Sie Gleiches mit Gleichem. Drücken Sie der Kollegin einen dreisten Auftrag aufs Auge, so wie sie es sonst macht. Zum Beispiel: »Bitte übersetze diesen Bericht bis heute Abend 24 Uhr ins Englische.«

lassen sie es raus

Lena: Ich würde Gerda lieber offen die Meinung sagen.

Was denken sich die anderen eigentlich? Gute Frage. Stellen Sie sie mal. Denn manchmal bauen sich Konflikte wie dunkle Gewitter auf. Weil sie nicht darüber gesprochen haben, was Sie stört. Ein gutes Kritikgespräch ist nach der Formel KELP sinnvoll aufbaut:

- K wie Knackpunkt: Beschreiben Sie den Knackpunkt bei der Zusammenarbeit aus Ihrer persönlichen Sicht, also mit »Ich finde«, »sehe das so«, »empfinde das« etc.
- E wie: Erkundigen Sie sich, wie der andere dazu steht.
- L wie Lösung: Schlagen Sie eine Lösung vor.
- P wie Pakt: Vereinbaren Sie, wie Sie weiter vorgehen.

Ein KELP-Gespräch könnte etwa so aussehen. Das Anfangsgeplänkel haben wir herausgeschnitten. Vergessen Sie nicht, einen Termin zu vereinbaren und sich in einen ruhigen Raum, am besten außerhalb des Büros, zurückzuziehen:

Lena: *Gerda, es geht um unsere Zusammenarbeit, über die ich gerne mit dir sprechen möchte. So wie bisher geht es nicht weiter. Ich sehe es so: Ich erledige 90 Prozent der Aufgaben und du 10. Wie siehst du das?*

Gerda: *Bist du doch selbst schuld! Ich frage mich, wieso du denn die ganzen Jobs annimmst.*

Lena: *Ich finde, dass es einer ja machen muss.*

Gerda: *Dann mach das einfach nicht mehr. Wenn Arbeit übrig bleibt, müssen die jemanden einstellen.*

Lena: *Warum gibst du mir dann Aufgaben, die du nicht schaffst?*

Gerda: *Auf mich wirkte es immer so, als wolltest du das.*

Lena: *Nein, das stimmt nicht.*

Gerda: *Dann hast du dich aber gut verstellen können bisher.*

Lena: *Ich hätte sicher klarer Nein sagen sollen. Wie bekommen wir nun eine gerechtere Verteilung hin? Was hältst du davon, Aufgaben nach Interessen aufzuteilen?*

Gerda: *Finde ich gut.*

Lena: *Als Termin für eine neue Arbeitsaufteilung schlage ich übermorgen 09:00 Uhr vor. Passt das? Lass uns ins Café gehen.*

Gerda: *Okay!*

sagen sie nein

Lena: *Sicher habe ich auch irgendwie Schuld an meinem Stress. Ich sage selten Nein.*

Können Sie auch nicht so gut Nein sagen? Viel Stress im Berufsleben hat mit der zu sparsamen Verwendung dieses kleinen Wortes zu tun. Eine Seminarteilnehmerin war in einem von einem Ehepaar geführten Unternehmen als Mädchen für alles tätig. Auch private Jobs wie Kinder vom Kindergarten abholen oder Einkaufen sollte sie erledigen. Sie fühlte sich ausgenutzt, aber sagen konnte sie das nicht. »Wir brauchen dich sooo sehr«, flöteten die Chefs, um sie bei der Stange zu halten.

Jagen Sie sich nicht selbst ins Bockshorn! Den perfektionistischen Ja-Sagern geben Chefs und Teammitglieder Anerkennung aus purem Egoismus: Ein bisschen Lena hier, Lena da – und die Kollegen haben ihre Ruhe und erreichen die eigenen Ziele (zum Beispiel, immer vor 18 Uhr nach Hause zu gehen). Die anderen setzen darauf, dass Sie eine gute Arbeit abliefern möchten und die eigene Faulheit schon ausbügeln werden. Denken Sie jetzt bitte an diese Masche, diese Gemeinheit, Unverschämtheit … Das sollte Sie so ärgern, dass Sie das nächste Mal leichter Nein sagen können.

Übrigens: Nein ist nicht gleich Nein. Die Sekretärin eines familiengeführten Unternehmens meckerte jedes Mal, wenn sie mal wieder Überstunden machen sollte – blieb dann aber doch. Das war kein richtiges Nein. Ein Nein, das wie ein Ja klingt, ist kein Nein. Die anderen gewöhnen sich an den meckernden Unterton. Wer Nein sagt, darf nicht so gucken oder handeln, als hätte er Ja gesagt.

Fangen Sie mit kleinen Neins an, die Ihnen nicht ganz so schwer fallen (z. B. »heute passt es nicht, ich bin auf eine Geburtstagsfeier eingeladen«). Achten Sie dabei auf Ihre Stimme (höflich und bestimmt). Schreiben Sie sich in Ihren Kalender fiktive Termine wie z.B. »Kundentermin mit Herrn Meyer von 18:00 bis 20:00 Uhr«. Gehen Sie pünktlich aus dem Büro und verbringen Sie die Zeit mit Ihrer Familie oder im Fitnessstudio.

seien sie schön schlampig!

Lena: Ich habe einen so furchtbar hohen Anspruch an mich selbst.

Sind Sie vielleicht nicht nur Nein-Vermeider, sondern auch Perfektionist? Dann tröstet Sie vielleicht, dass viele Perfektionisten Ja-Sager sind. Sie sind perfektionistisch, um Kritik zu vermeiden.

Perfektionistische Menschen stellen so hohe Ansprüche an sich selbst, dass diese unmöglich erfüllt werden können. Sie brauchen nicht selten länger für ihre Arbeit, weil sie sich im Detail verlieren. Sie wissen wohl, dass die Pareto-Regel besagt, dass 80 Prozent Arbeitsaufwand auch reichen, um ein zufriedenstellendes Ergebnis zu erzielen. Sie glauben aber nicht, dass die restlichen 20 Prozent ohnehin keiner merkt. Eine Designerin steckte viel Zeit und Mühe in die richtige und Corporate-Identiy-gerechte Farbgebung. Doch die Druckerei machte Fehler und lieferte einen leicht zu dunklen Ton. Für die Designerin war das eine Katastrophe. Alle anderen merkten nichts.

Am Detail zu schleifen, kostet unverhältnismäßig viel Mühe und Zeit. Und keiner honoriert diese Detailversessenheit, die Sie Qualitätsbewusstsein nennen. Eine Ausnahme liegt vielleicht vor, wenn Sie im Labor, Korrektorat oder der Buchhaltung tätig sind. Dann ist es ihr Job, und das ist etwas anderes.

Ich will, also kann ich

Sie wollen ja gar nicht mehr perfektionistisch sein? Da hilft nur eins: sich selbst ändern und den eigenen Anspruch runterfahren. Das können Sie nicht? Doch: Jeder kann! Wollen und Können ist dasselbe. Wer etwas nicht will, kann es auch nicht. Und wer nicht kann, will nicht. Machen Sie sich nichts vor.

Probieren Sie es aus: Unterbrechen Sie Ihren persönlichen Ich-kann-nicht-Teufelskreis durch herzlich schlampige Arbeit. Tanzen Sie durch das Büro, werfen Sie Angebote durch die Gegend und trampeln sie drauf herum. Aber besser dann, wenn keiner es sieht.

Ihre neuen Fehler sind cool

Wenn Sie weniger dramatische Übungen bevorzugen: Lassen Sie Fehler in Ihren Texten oder stopfen Sie Akten mal einfach so in Ordner. Lesen Sie nur einmal über Angebote und schicken Sie Mails blitzschnell ab. Es muss Ihnen egal sein, wenn Sie mal »viel mir gestern ein« schreiben statt »fiel mir ein«. Das ist keine Rechtschreibschwäche. So was passiert, wenn man Dinge schnell erledigt. Und es gibt Menschen, denen macht das wenig bis nichts aus. Tun Sie mal so, als wäre das auch bei Ihnen so. Das macht das Leben leicht, beschwingt und nimmt den Fehlern den Schrecken. Fehler sind cool!

Wir wetten, dass Ihre neuen Fehler den meisten Kollegen und Chefs nicht einmal auffallen werden. Und selbst wenn: Halten Sie blöde Bemerkungen aus. Lachen Sie über sich selbst. Sagen Sie »Nobody is perfect« und entschuldigen Sie sich niemals. Wenn Sie Ihre eigenen Fehler tolerieren, tun das auch die anderen. Kappen Sie Negativ-Gedankenspiralen wie: »Was mag der jetzt von mir denken?« Wenn was ist, kann man es Ihnen ja sagen.

tauschen sie mal die perspektiven

Machen wir gleich mal weiter beim Denken. Eine der schädlichsten Denkweisen überhaupt ist das wilde Ruminterpretieren. Sie denken, jemand macht etwas, weil ...Irgendetwas passiert ist, das mit Ihnen zu tun hat. Zum Beispiel denkt Lena: »Die nutzen mich alle nur aus.«

Wissen Sie wirklich, was andere in Ihnen sehen? Sehr oft täuscht die Selbstwahrnehmung. Es kann zum Beispiel sein, dass andere denken, Sie wären ein Workaholic, weil sie immer so viel arbeiten. Möglich, dass die Kollegen der festen Überzeugung sind, sie »bräuchten« das. Ihr Jammern nehmen sie nicht ernst, keinesfalls deuten sie es als Alarmsignal. Machen Sie sich bewusst: Menschen ticken unterschiedlich. Andere haben Gedanken, auf die Sie selbst niemals kommen würden. Andere haben einen anderen Blick. Andere fühlen anders. Für Sie heißt das: Sie wissen NIE, was in dem anderen vorgeht. Sie interpretieren Gesten, Worte und Zusammenhänge immer in Ihren eigenen Denkstrukturen – und liegen damit sehr oft falsch. Sie kommen deshalb, wieder mal, um direkte Kommunikation nicht herum, sofern Sie wirklich herausfinden möchten, was in dem anderen vorgeht.

Lena fragt: Was mag Felix denken?

Setzen Sie sich doch mal auf den Stuhl des anderen:

Felix (das ist jetzt Lena): He, Lena, ich habe einen neuen Auftrag an Land gezogen. Ein österreichischer Großhändler ordert 100 Millionen Stifte. Super, oder? Der braucht jetzt einen Marketingplan für den Point of Sale.
Lena (das ist ein Stuhl, auf dem irgendein Stellvertreter sitzt, der die Rolle von Lena einnimmt): Schön, das heißt ja mal wieder Überstunden machen.
Felix: Das macht aber doch Spaß! Ein neuer Kunde!

In der Haut von Felix merkt Lena, dass er sich richtig über den Auftrag freut. Er ist positiv gestimmt, und er hat Lena um Hilfe gebeten, weil er ehrlich überzeugt ist, dass sie gute Arbeit macht. Vorher hat Lena immer gedacht, er würde sich nur lustig über sie machen, wenn er Dinge sagt wie: »Das macht doch Spaß!« Jetzt merkt sie, dass er das wirklich so meint.

seien sie nett zu sich selbst

Lena sagt: Ich war immer schon eine Konfliktvermeiderin.

Die Praxen der Psychologen sind voll mit Menschen, die sich für nicht »richtig« oder »passend« halten. Kollegen haben sie ganz kirre gemacht. Nichts gegen eine notwendige und hilfreiche Therapie. Doch das Gefühl, »nicht richtig« zu sein und das verbreitete Bedürfnis, sich zu ändern, ist heutzutage einfach übertrieben. Vor allem dann, wenn der Mensch im Grunde ganz okay, aber einfach nur verunsichert ist. Zum Beispiel durch arrogante und selbstsichere Kollegen. Da hilft es manchmal, sich zur Abwechslung mal die gute Seite Ihrer persönlichen Medaille anzusehen. Jemand, der Konflikte vermeidet, ist beispielsweise oft ein guter Harmoniestifter.

Horchen Sie mal in sich rein. Vielleicht gibt es da wie bei Lena einen »Konfliktvermeider«. Hat der nicht auch schon mal als »Harmoniestifter« Gutes geleistet? Sicher finden Sie Beispiele. Halten Sie sich die vor Augen! Möglicherweise schlummert auch der »Anerkennungsbedürftige« in Ihnen, ein Persönlichkeitsanteil, der nach Lob strebt. Das positive an diesem bedürftigen Herrn ist, dass er sich Mühe gibt und gut sein will. Er ist deshalb auch ein »Gutmacher«. Schreiben Sie sich die Namen Ihrer individuellen Teammitglieder – das können fünf oder sieben sein – auf Moderationskarten. Drehen Sie die Karten dann um. Auf die Rückseite schreiben Sie jetzt die positiven oder negativen Seiten dieser Persönlichkeitsanteile, je nachdem, was darauf steht und wie Sie diese Eigenschaft selbst bewerten.

So kann nicht nur der »Konfliktvermeider« zum »Harmoniestifter« werden, sondern auch der »Perfektionist« zum »Qualitätsbewussten«. Das Aufschreiben und Umdrehen der Karten hilft, die positiven und negativen Seiten von Eigenschaften zu erkennen und für sich zu akzeptieren. Denn niemand verlangt von Ihnen, sich wegen der Kollegen radikal zu ändern. Es geht einfach darum, neue Akzente zu setzen. Und sich selbst damit etwas Gutes zu tun.

suchen sie sich ein neues team

Lena sagt: Was tue ich, wenn all mein Bemühen zu keinem spürbaren Ergebnis führt?

Warum ist Lukas Podolski nach Köln zurückgegangen? Manchmal passen Spieler nicht zum Team und Teams nicht zum Spieler. Das gilt nicht nur beim Sport, sondern auch im Büro. Nicht überall ist das Umfeld ideal, um eigene Kompetenzen zu entfalten. Dann ist ein Teamwechsel angesagt. Das gilt vor allem dann, wenn schon viel Porzellan zerschlagen worden ist. Eine Ingenieurin kam einfach nicht mit ihren beiden Kollegen im Werk klar. Besonders unangenehm war ihr der eine, mit dem sie sogar ein Büro teilte. Sie waren nie einer Meinung. Das ging über Jahre so. Warum es nicht klappte, wurde ihr durch ein Karrierecoaching bewusst: Sie war unsicher und konnte mit Kritik nicht umgehen, der Kollege war dagegen überzeugt von allem, was er tat, und sehr offen im Annehmen, aber auch Austeilen von Kritik. Mit Kritik konnte die Ingenieurin dagegen gar nicht umgehen. Die Situation war dann aber schon so verfahren, dass das Verständnis für den Kollegen und die Entstehung des Konflikts auch nichts mehr brachte. Sie konnte nur noch kündigen und woanders noch mal neu anfangen.

Manchmal hilft auch ein Positionswechsel: Wenn das Chef-werden keine Option ist und die Kollegen trotz aller Tricks weiter nerven, machen Sie es wie die Ingenieurin und gehen Sie. Sagen Sie jetzt nicht, der Arbeitsmarkt sei so schlecht, das Risiko zu groß und überhaupt die Sicherheit … Was nützt Sicherheit, wenn das Arbeitsleben keinen Spaß mehr macht?

Aber seien Sie auf der Hut! Um im neuen Team nicht in die gleichen Fallen zu tappen, bitten Sie um einen Probearbeits-tag, an dem Sie die neuen Kollegen kennenlernen können. Trauen Sie sich, Fragen zu stellen und klar zu sagen, was Ihnen bei der Zusammenarbeit wichtig ist. Das kann zum Beispiel schlicht dieses sein: dass alle arbeiten und an einem Strang ziehen. Meiden Sie also besser Behörden …

das überlebenstraining für dienstag im schnell-durchlauf

- Morgen sagen Sie das erste Mal Nein. Dabei schauen Sie cool und uninteressiert drein. Sie rechtfertigen sich nicht. Sie entschuldigen sich nicht. Nur so wirkt's.
- Auch bei netten Bekehrungsversuchen: Sie wackeln keine Sekunde in Ihrer Nein-Haltung. Beißen Sie sich zur Not auf die Zunge. Es wäre ein Arbeitsunfall.
- Sagen Sie, was Sie stört, ohne drum herumzureden.

Verpacken Sie das allerdings in milde Ich-Botschaften
(»Ich sehe/empfinde das so …«).

- Interpretieren Sie nicht herum, warum und weshalb
  andere sich so verhalten oder anders: Sie wissen es nie.
  Fragen Sie also nach.
- Regen Sie eine neigungsorientierte Aufgabenteilung an,
  wenn Ihr Chef nicht selbst auf die Idee kommt.
- Machen Sie fleißig Fehler und frönen Sie dem lebensquali-
  tätsfördernden Motto »Nobody is perfect«.
- Suchen Sie sich ein neues Team, wenn Sie merken, dass
  Sie mit der Lebenseinstellung Ihrer Kollegen dauerhaft
  nicht klarkommen.

Neue sind wie Insekten unter der Lupe. Kollegen sezieren sie: Ist da etwas auffällig an dem Neuen? Guckt er komisch? Spricht er verdächtig? Bewegt er sich unpassend? Die Gruppe – ob Projektteam oder Abteilung – begafft und beschnuppert den Neuen. Unter dem Vergrößerungsglas fühlt dieser sich unwohl … und patzt. Doch dafür gibt es keine Gnade! Eine kleiner Fehltritt führt dazu, dass einem anfangs freundlich gesinnte Kollegen plötzlich die kalte Schulter zeigen und sagen: »Igitt, ein Fremdkörper!« Vielleicht schafft es der Neue, sich dem herrschenden Klima anzupassen und akklimatisiert sich. Vielleicht legt er sich auch einen Schutzpanzer zu. Es passiert auch nicht selten, dass ihn die neuen Kollegen schnell wieder aus ihrer eingeschworenen Gemeinde herausekeln.

Das ist der Anonymen Einzelkämpferin Ewa passiert. Sie ist das »Küken« in unserer Gruppe, 26 Jahre alt. Vor einem Jahr hat sie ihr Master-Studium der Internationalen Betriebswirtschaftslehre beendet. Da steckte sie noch voller Energie und Tatkraft, wollte etwas bewegen, international arbeiten und hoch hinaus. Jetzt steckt sie nur noch den Kopf in den Sand. Aber lesen Sie selbst.

Erfahrungsbericht von Ewa

Guten Tag, Frau Hofert und Herr Visbal,
mein erster Job war die Hölle. Ich wurde nach alle Regeln der Kunst herausgemobbt. Dabei war in meinem vorherigen Leben alles gut.

Ich war Klassensprecherin. An der Uni habe ich mich engagiert und in einer studentischen Unternehmensberatung mit Kommilitonen zusammengearbeitet. Da hat alles super geklappt mit der Teamarbeit.

Aber in der der Arbeitswelt läuft alles ganz anders, als ich es mir vorgestellt habe. Dort interessiert sich keiner für Leistung. Die Angestellten, die länger im Job sind, wollen alle nur an Gewohntem festhalten und ein gemütliches Leben mit möglichst wenig Stress führen. Einfach schrecklich!

Mein Drama begann, als ich als Junior-Consultant in einer auf Marketing spezialisierten Unternehmensberatung auf einem Schleudersitz landete. Auf dieser Position sei noch nie jemand länger geblieben, erzählte mir die Grafikerin nach wenigen Tagen hinter vorgehaltener Hand, als ich zum Einstand für jeden Marmorkuchen verteilte.

Wer die Schleuder dann betätigte, wurde schnell klar: der Senior-Consultant, dem ich zugeordnet war. Ein unsympathischer Typ, der mich einfach nichts machen ließ. Ich durfte den ganzen Tag lang Excel-Tabellen ausfüllen und Präsentationen vorbereiten. Dann musste ich ihm die Sachen vorlegen, als wäre ich in der Grundschule. »Du musst ja erst mal lernen«, sagte er, was für mich eine Beleidigung war. Wieso habe ich vier Jahre studiert? Er meckerte wegen Kleinigkeiten, zum Beispiel einer verdrehten Zahl.

Strategische Planungen? Analysen? Nichts da! Excel-Tabellen.

Kundenkontakt? Für mich erst mal nicht, sagte der Senior. Nach und nach verfestigte sich bei mir der Eindruck, dass in diesem Beratungsunternehmen offenbar niemand an guter Leistung interessiert war, sondern alle Zeichen auf »Besitzstandswahrung« standen.

Einmal kam das ganze Team – ich hatte vorher gefragt, ob ich mitdürfte, wurde aber nur angeglotzt – von einer Präsentation vor einem wichtigen Konzernkunden zurück. Die Präsentation war eine

Katastrophe, das Konzept völlig ideenlos. Ich hatte die Ausarbeitung vorher zufällig auf dem Tisch vom Chef gesehen und war entsetzt. Das wäre nie rausgegangen, wenn jemand auf mich gehört hätte.

Der Kunde war wohl genauso wenig angetan wie ich, denn er erteilte unserer Firma direkt nach der Präsentation eine Absage für das Projekt. Mir wäre das superpeinlich gewesen! Doch meine Kollegen, einschließlich Senior, kamen fröhlich zurück und verbrachten erst mal zwei Stunden in der Mittagspause. Nicht, dass sich jetzt alle hinsetzten, um darüber nachzudenken, wie sich so ein Desaster in Zukunft vermeiden ließe! Das war für mich völlig unverständlich. Die Geschäftsführer schienen das alles auch eher locker zu nehmen.

Als ich einmal bemerkte, wie viel Geld sich durch einen Wechsel der Hausagentur sparen ließe – das hatte ich mir vorher heimlich ausgerechnet –, schaute man mich an wie einen bösen Geist. »Mit denen arbeiten wir seit 20 Jahren zusammen!«, sagten sie und das Thema war vom Tisch.

Was soll ich sagen? Einen Tag vor Ablauf der Probezeit zitierte mich der Chef zu sich, und der Senior saß schon feixend daneben. »Das war's wohl nicht mit uns«, sagten die beiden. »Das hast du doch sicher auch gemerkt?«

Jetzt suche ich ein Promotionsthema. Ich habe die Nase voll von Teamarbeit.

Es grüßt: Ewa

Das Team

- Ewa, die Neue: will etwas leisten, sich einbringen, etwas bewegen und nicht nur Excel-Tabellen bauen.
- Senior-Consultant, dem Ewa zugeteilt ist: will seinen Job machen wie immer.
- Eine Grafikerin: weiß von Schleudersitzen.

Ewa tritt ihren ersten Job an, engagiert sich – aber ihre Art von Leistung ist nicht gefragt. Einen Tag vor Ablauf der Probezeit wird sie vor die Tür gesetzt.

Hintergrund: Das Geheimnis des Neuseins

Kennen Sie den Spruch? Und Jedem Anfang wohnt ein Zauber inne … Ja, ein böser. Jeder Neue schreitet Wochen durch ein tiefes Tal – oft nach einem trügerisch netten ersten Tag. Absolventen gehen nicht selten durch die Hölle, wenn sie versuchen, sich im Berufsleben das erste Mal zu bewähren. Wir kennen Kunden, die vier oder fünf fürchterliche Jobs annahmen und dort jeweils nur wenige Wochen oder Monate blieben. Ob rausgeschmissen oder selbst gegangen: Alle hatten das Team, den Chef, die Aufgabe oder die Kombi aus allem nicht ausgehalten. Leistungsträger wie Ewa waren dabei, Einser-Kandidaten und Hochintelligente. Doch was hilft das alles, wenn die Kollegen vernünftige Arbeit unmöglich machen?

ungeschriebene regeln

Fakten bestätigen den gefährlichen Anfangszauber: Bei Unternehmensberatungen scheitern 10 bis 40 Prozent aller Jungmitarbeiter schon in der Probezeit. Sehr oft liegt der Grund für dieses »Scheitern« weniger in der Leistung begründet als vielmehr bei den Kollegen und Vorgesetzten. Die pflegen ihre unausgesprochenen Routinen und folgen ungeschriebenen Gesetzen wie »du sollst nicht zu viel fragen«.

Wenn es nach der Probezeit weitergeht, integrieren sich

viele Mitarbeiter halbwegs, fühlen sich aber trotzdem dauerhaft falsch im Unternehmen oder zumindest unwohl am Platz. Wir hören immer wieder von Teams und Abteilungen, die Neue oder unpassende Teammitglieder systematisch rausmobben. Da lässt die Teamassistentin Briefe verschwinden oder ein Mitarbeiter setzt durch, dass die verhasste Kollegin von der Website gelöscht wird. Die stellvertretende Teamleiterin eines Münchner Unternehmens ließ die ungeliebte Kollegin hinter Stellwänden verschwinden und gruppierte Pflanzen so um sie herum, dass sie sie nicht mehr sehen musste. Unerträglich war ihr die Mitarbeiterin, die aus einer anderen Abteilung versetzt worden war. Natürlich wäre hier die Problemlösungskompetenz des Chefs gefragt, doch Deutschlands Vorgesetzte glänzen durch Abwesenheit und die Unfähigkeit, ihre Teams zu lenken. Dass viele Entscheider fehlende Integration als eines der größten Hindernisse effektiver Teamarbeit ansehen[9], ist ihnen oft selbst zuzuschreiben.

verdeckte statussymbole

Wenn ein Neuer ins Team kommt, rollt das die Gruppe auf: Sie ist gezwungen, sich neu zu formieren. Teammitglieder kämpfen um alte Rollen oder erobern neue. Das passiert unbemerkt, unbewusst und vor allem langsam. Der Prozess kann mehrere Wochen, manchmal Monate dauern. Blöd daran ist nur, dass weder Neue noch Alte das deutlich wahrnehmen, denn der Film, der jetzt abgeht, läuft im Unbewussten. Statussymbole spielen bei alldem die Schlüsselrolle.

Wer darf unangemeldet zum Chef? Wer parkt vorne? In

9 Vgl. Egon Zehnder International 2009

einem Konzern in Nordrhein-Westfallen ist die Zahl der Fenster karriereentscheidendes Statussymbol. Anerkannte Mitarbeiter haben nicht nur ein Einzelbüro, sondern haben auch möglichst viele Fenster darin. In anderen Unternehmen kann der Platz auf der Website eine tiefere Bedeutung haben. »Oben stehen« ist ein Zeichen für »wichtig sein«, sofern das Alphabet die Sache nicht anders regelt. Den Besitz und Habitus des »Neuen« nehmen die »Alten« sofort ins Visier. In einer Behörde kam ein freiberuflicher Consultant mit seinem Audi vorgefahren. Die Marke Audi war jedoch nur zulässig für die Führungsebene. Was sollen wir sagen? Der externe Berater verlor seinen Job binnen zwei Wochen. Als Grund wurde seine mangelnde Erfahrung vorgeschoben. Auf die Idee, dass es am Audi lag, kam er durch Gespräche mit Freunden erst Wochen später. Ein anderer Kollege bekam einen Auftrag vermutlich nur deshalb nicht, weil er zu groß war für den nur 1,67 Meter großen Auftraggeber. Kleine Männer mögen keine großen. Das gibt keiner offen zu, aber der Flur funkt es. Ehrliche Häute, Moralisten und Idealisten halten es für unmöglich, dass es so etwas gibt. Aber all unsere Erfahrung lehrt uns: In Unternehmen herrscht neben ungeschriebenen Regeln auch der Kleingeist. Viele halten gar nicht für möglich, dass jenseits der Leistung Neid, Eifersucht und diverse andere Elemente regieren.

keiner von uns

Uns sind Führungskräfte und Mitarbeiter begegnet, die sich über die Spielregeln in ihrem Unternehmen selbst nie klar geworden sind. »Wo kann ich die Spielregeln der Männer lernen?«, fragte im Seminar einmal ein zurückhaltender Senior-Projektmanager, der bereits 11 Jahre in seinem Job bei der gleichen Firma war. Normalerweise wird diese Frage von Frauen gestellt, doch auch Männer, die nicht ganz oben mitmischen, bewegt der frustrierende Blick auf die karrierefördernden Netzwerke der Führungseliten.

Der betreffende Seminarteilnehmer war in all diesen Jahren über seinen »Solid Performer«-Status nie hinausgekommen. In angloamerikanischen Unternehmen heißt das so was wie »ist befriedigend«, kein Überflieger, okay, Mittelmaß eben. Er dachte allen Ernstes, dies hätte mit seiner Leistung zu tun. Falsch: Es war die Einschätzung von Vorgesetzten, die den Projektmanager nicht als einen von ihnen ansahen.

Die ungeschriebenen Regeln können sich völlig von den offiziellen unterscheiden. So mag auf der Homepage stehen, »Leistung ist unsere Leidenschaft«, aber im Unternehmen halten seit Jahren Dienst-nach-Vorschrift-Menschen das Ruder fest in der Hand. Es kann auch sein, dass in dem einen Team ein anderes geheimes Regelwerk besteht als in dem anderen – beim gleichen Unternehmen.

Sogar die Kleidung kann für die Integration des Neuen entscheidend sein. In einem Traditionsunternehmen trug die neue Marketingassistentin nur Edelmarken, während die anderen sich mit Mexx und Esprit begnügten. Eine von uns? Von wegen! Auch sie wurde »rausgebissen«. Ich kann dich nicht riechen? Das ist wörtlich gemeint. Parfums und Aftershaves können das Gefüge auseinanderbrechen. In einem Gespräch mit dem neuen Teammitglied brachten die Kollegen das »stinkende« Parfum der neuen Kollegin als Kritikpunkt. Für die Mitarbeiterin, die wegen der Duftnote zur Chefin zitiert wurde, war das sehr verletzend.

Überlebensstrategien

Wer beobachtet, kann den geheimen Regeln von Anfang an auf die Schliche kommen! Legen Sie sich hinter die Büsche des Unternehmensparkplatzes und beobachten Sie, wer mit welchen Autos auf die vorderen, mittleren und hinteren Plätze fährt. Beachten Sie die Marken und Farben. Sie können sicher sein, dass Fahrer von komischfarbigen Wagen (NICHT Schwarz oder Silber), Seats oder Mazdas ein Integrationsproblem in der Firma haben – es sei denn, sie parken hinten und arbeiten als Entwickler. Schauen Sie sich genau an, wer mit wem redet, zählen Sie die Fenster durch und bringen Sie sie in Beziehung zu den Personen. Das ist der erste und wichtigste Trick.

Lassen Sie sich uns nun mit den weiteren Geheimrezepten beschäftigen, die Sie als Neuer in einem Team kennen müssen:

- Wie Sie als Neuer die geheimen Team-Spielregeln aufdecken.
- Warum Sie die komischen Typen mal näher betrachten sollten.
- Wie Sie den Charme unsympathischer Leute entdecken.
- Warum Sie nicht im Sturm spielen sollten, wenn Sie Verteidiger sind.

geheime team-spielregeln aufdecken

Wer mit wem?
Ewa sagt: Ich habe einfach nicht kapiert, welche Spielregeln es da gab. Manchmal dachte ich, der Senior sieht sich auf einer Ebene mit dem neuen Chef. Die gingen echt kumpelhaft um miteinander.

Posten und Funktionen sind Schall und Rauch. Allein vom Organigramm oder der Visitenkarte lässt sich nicht auf die Machtpotenziale der Kollegen schließen. Das ist eine böse Falle für Neue! Wie schön wäre ein Chef, der sein neues Teammitglied in die geheimen Spielregeln einweist! Der Kommunikationsleiter eines Konzerns führte seinen neuen Pressesprecher durch alle Abteilungen und erklärte hinter vorgehaltener Hand, wer die Schlüsselfiguren seien, wer zu den guten und wer zu den bösen Mitarbeitern gehöre, und welche ungeschriebenen Gesetze gelten.

Dabei erkannte sein neuer Mitarbeiter, dass wichtige »Player« nicht unbedingt eine hohe Funktion innehaben müssen – und Abteilungsleiter nicht automatisch mächtig sind. Abteilungsleiter können auf der ungeschriebenen Abschussliste stehen. Und normale Mitarbeiter ziemlich wichtig sein, weil sie einen guten Ruf haben, bestens vernetzt sind oder vermutlich bald zum neuen Unternehmens-Superstar aufsteigen.

Leider ist solches Herumführen und Einweisen durch Vorgesetzte äußerst selten.

Aber fragen können Sie Ihren neuen Boss ja mal. Bei dieser Gelegenheit bitten Sie auch gleich um ein Orientierungsgespräch. Dieses hat den Zweck, Sie in einen Teil der ungeschriebenen Gesetze einzuführen. Was sollen Sie eigenständig tun, worüber sich abstimmen? Klare Ansagen machen es Ihnen leichter, sich in die neue Umgebung einzufinden. Manche Vorgesetzte scheuen allerdings jede Form der Eindeutigkeit. Möglicherweise, weil sie selbst nicht genau wissen, was Sie wollen, oder erst mal abwarten wollen, welche Devise ihr eigener Chef ausgibt. Wenn Sie merken, dass ein allzu klares Briefing nicht gewünscht ist, bleibt Ihnen nichts anderes übrig, als das erst mal hinzunehmen. Sie müssen dann einfach noch etwas mehr beobachten.

Ed Hardy oder Esprit?

Ewa sagt: Das mit dem Outfit geht mir nicht aus dem Kopf. Alle anderen trugen Freizeitkleidung. Ich fand das total unpassend.

Über zu klassische, zu moderne, zu teure, zu legere oder auch zu traditionelle Kleidung sind schon viele gestolpert. Die Angestellte eines britischen Unternehmens fiel etwa auf verführerisch zehenfreie Sandalen rein, sogenannte Peeptoes. In dieser Firma, wie oft im angloamerikanischen Sprachraum, war das ein Tabu. Glücklicherweise weihte eine nette Kollegin sie in die Outfitregel ein, sodass der Fauxpas keine Folgen hatte. Anderes Beispiel: Zu ihrem ersten Arbeitstag in einer Modefirma kam die neue Mitarbeiterin im Anzug. Schlecht für den ersten Eindruck, denn alle anderen trugen Shirts und Jeans.

Ratgeberautoren empfehlen Autoren oft im Zweifel das Kostüm oder den Anzug. Das ist eine schlechte Musterlösung, denn Kostüme und Anzüge sind Uniformen bestimmter Branchen und Unternehmen, aber längst nicht aller. Möglich, dass Freizeitlook, Streetstyle oder ein anderer Trend im Unternehmen gefragt ist – mit Marken, die schon out wären, wenn wir sie hier nennen. Kann sein, dass Ed Hardy den Look bestimmt oder auch Markenfreiheit herrscht.

Tappen Sie nicht in die Kleidungsfalle, und schauen Sie sich am besten noch vor dem ersten Arbeitstag an, wie Mitarbeiter in dem Unternehmen gekleidet sind: auf der Website, bei Xing oder auch Facebook. Wenn Sie den Style nicht genau verorten können, verzichten Sie auf polarisierende Klamotten (zu modern, zu altmodisch, zu teuer, zu bunt). So lange, bis Sie die Kleiderordnung durchschaut haben.

Mitmachen oder ausklinken?

Ewa sagt: Ich habe bestimmt nicht nur die Kleiderordnung ge-
brochen. Ich denke, die Kollegen haben sich auch daran gestört,
dass ich nicht alles mitgemacht habe. Die waren mittags teilweise
zwei Stunden im Restaurant! In der Zeit habe ich weiter meine
Excel-Tabellen gebaut.

Sich ausklinken geht gar nicht, wenn Sie sich nicht von Anfang
an Feinde machen wollen. Wenn mittags alle zusammen essen
gehen, dann MÜSSEN Sie mitkommen, auch wenn Sie lieber
spazieren gehen, weiterarbeiten oder Ihr Biomüsli essen würden. Am Anfang heißt es: in die Pizza beißen und zum Lieb-
lingsitaliener der Kollegen mitgehen. Sie müssen sich ja nicht
für immer versklaven. Wenn Sie einigermaßen etabliert sind,
führen Sie langsam Ihre eigenen Regeln ein. Erklären Sie,
warum sie lieber im Büro bleiben oder etwas anderes machen
wollen. Sagen Sie zum Beispiel: »Ich bin mittags einfach mal
gern allein. Wenn ich an der Elbe entlanggehe, kann ich soooo
gut entspannen.« Ihre Ausrede sollte aber nah bei der Wahrheit liegen: Wenn man sie in der Dönerbude erwischt, nachdem Sie gesagt haben »kein Hunger, Leute« schadet das Ihrer
Glaubwürdigkeit.

Still sein oder laut?

Ewa sagt: Ich sehe ein, dass Outfit und Mittagspausen eine Rolle
spielen. Aber ich hatte wirklich geniale Ideen. Wird denn nicht
immer auch erwartet, dass man neue Ideen einbringen soll?

Sie sind nicht Che Guevara! Mit Revolutionen beginnt man
einen Krieg, aber keinen neuen Job. Stellen Sie sich das doch
einfach mal vor: Die Kollegen arbeiten seit Jahr und Tag mit
dieser einen Agentur zusammen. Das ist mehr als nur ein

Geschäftsverhältnis. Man kennt sich, geht vielleicht sogar abends zusammen aus. Möglicherweise besteht sogar eine private Liaison. Im schlimmsten Fall haben Ihre Kollegen mit den treuen Geschäftspartnern sogar gemeinsame Leichen im Keller einbetoniert. Also gemach.

Das ist manchmal schwer. Aber Ewa hätte sich lieber noch eine Weile auf die Zunge beißen, diplomatisch schweigen und den taktisch klugen Zeitpunkt zum Abschießen der Agentur nach der Probezeit abwarten sollen. Nicht ohne zuvor mindestens einen höhergestellten Kollegen als Verbündeten auf Ihre Seite gezogen zu haben.

Schlagen Sie radikale Veränderungen erst vor, wenn sie sich etabliert haben. Warten Sie unbedingt die Probezeit ab! Und selbst dann sollten Sie nicht gleich eine Revolution anzetteln. Wenn Ihre Kollegen noch mit Schreibmaschinen arbeiten (was – unglaublich, aber wahr – in kleinen Firmen durchaus immer noch vorkommt), führen Sie sie in langsamen Schritten an die Faszination des Neuen heran. Erinnern Sie sich an das DNDW-Modell aus dem Montags-Kapitel? Wo Menschen an Dingen festhalten, dominiert mit Sicherheit die »Dauer« – und nicht der Wechsel. Das ist für Wechseltypen schwer auszuhalten. Sie müssen sich in Geduld üben.

Gut Freund mit dem Chef oder den Kollegen?

Ewa sagt: Hätte ich mich nicht besser beim Chef einschleimen sollen?

Glauben Sie wirklich, es ist der Chef, der Ihnen kündigt? Nein! Kollegen sagen: Top oder Flop. Anhand von hoffentlich bald verbotenen Bewerbungsfotos entscheiden sie, wen sie aufgrund der passenden Nase einstellen oder nicht. Wir haben es mehr als einmal erlebt, dass eine Sekretärin bei einer Kündigung den Ausschlag gegeben hat. In jungen Unternehmen sind Kollegen inzwischen sogar beim Vorstellungsgespräch anwesend und befragen den Neuling. Basisdemokratisch entscheiden sie auch über den Verbleib der Neuen.

Unterschätzen Sie Kollegen niemals, auch wenn Sie nicht in einem konservativen Unternehmen arbeiten. Die Kollegen sind es, die dem Chef brühwarm berichten, was sie von Ihnen halten. Sie beobachten Sie ganz genau und wenn sie Sie nicht mögen, melden Sie Ihr manchmal hinterrücks Fehlverhalten. Stellen Sie sich besser gut mit ihnen.

Kuchen oder Sekt?
Ewa fragt: War das eigentlich okay mit dem Marmorkuchen? Die guckten alle so irritiert. Nun ja, es war eine Backmischung.

Hm, Geschmäcker sind verschieden. Und nicht nur Geschmack kann zur Spaltung führen. Uns ist ein Fall bekannt, wo der Kuchen zum Einstand zu tiefem Unverständnis geführt hat. Da hatten sich Chef und Kollegen gerade gemeinschaftlich zur Diät entschlossen. Der schlanke neue Mitarbeiter mit der Sahnetorte wurde zum Feindbild, der die eigenen Vorsätze ins Wanken brachte. Ein ganz besonders kritisches Thema ist Alkohol, auch Sekt. Es mag keine geschriebenen Regeln geben, die ein Gläschen zum Einstand verbieten – Sie sollten als Neuer und auch sonst dennoch die Finger vom Schampus lassen. Viel besser als einfach Kuchen vorzusetzen: erst mal beobachten, wie es im Unternehmen so zugeht und dann nette Kollegen fragen, wie so ein Einstand üblicherweise abläuft.

Du oder Sie?
Ewa sagt: Die duzten sich alle, nur ich wurde gesiezt.

Gewiss ist dies ein Zeichen für mangelnde Integration. Das »Du« oder »Sie« ist mindestens so wichtig wie Sekt oder Kuchen, es spielt eine zwischenmenschliche Hauptrolle. Das »Du« rückt zusammen, »Sie« hält auf Distanz. Die Balance zu halten ist in der Praxis schwer. So ist das Du in skandinavischen Unternehmen üblich. Wir haben allerdings erlebt, dass Kündigungen dann doch per »Sie« verfasst worden sind. Nicht selten passiert es, dass zur Führungskraft aufgestiegene Teammitglieder plötzlich gesiezt werden wollen, was zu absurden Szenen führt, wenn sie dabei versuchen, Privat- und Geschäftsebene auseinanderzuhalten. Ein Teamleiter verlangte von seinen ehemaligen Freunden sogar eine Trennung vom »Sie« auf der Arbeit und dem »Du« im Privaten. Kommen Sie besser nicht auf so verrückte Ideen. Einmal »Du« ist immer »Du«.

Neue haben es leichter, wenn sie sich dem Stil des Unternehmens oder der Abteilung anpassen. Das heißt aber nicht, dass Sie Ihre Überzeugungen verraten müssen. Wenn Sie sich unwohl mit dem »Du« fühlen, dürfen Sie das ruhig sagen. Nur begründen sollten Sie Ihr »Sie«, vor allem gegenüber Beziehungsmenschen, die das sonst nicht nachvollziehen können. Es reizt Sie, das »Du« in einem Sie-Team einzuführen? Das sollten Sie als Neuer besser nicht. Es fällt unter die Kategorie »Revolution«. Sie wissen schon: Niemals eine anzetteln.

die komischen typen mal näher betrachtet

Ewa sagt: Ich fand die ganzen Kollegen einfach komisch.

So wie Sie als Neuer unter der Lupe liegen, können auch Sie die Lupe anlegen und sich Ihre Kollegen mal genauer ansehen.

Aber bitte gaffen Sie nicht, das erschreckt die Objekte Ihrer Beobachtung. Bleiben Sie diskret. Fragen Sie sich: Was stört mich eigentlich an der oder dem anderen? Erinnern Sie sich an die Mitarbeiterin, die ihre aus einer anderen Abteilung versetzte Kollegin mit Stellwand und Pflanzen wegsperrte? Sie konnte sie einfach nicht leiden. Und das lag letztendlich an einer Kleinigkeit: Die weggesperrte Kollegin war harmonie-süchtig und tat alles, um jede Form der Auseinandersetzung durch übertriebene Nettigkeit zu vermeiden. Für die Kollegin, eine wettbewerbsorientierte oder anders ausgedrückt streit-lustige Person, war das der pure Graus. Umgekehrt sicher auch. Nur dass der Friedensengel dem Rachsüchtigen niemals offensiv gegenübertritt, sondern nur leise, unterschwellig. Der weggesperrte Friedensengel zahlte es der Rachsüchtigen heim, indem sie Fehler in Analysen einbaute, die diese ausbaden musste. Das steigerte den Hass. Sehr wahrscheinlich auf beiden Seiten – nur mit dem Unterschied, dass die eine ihre Wut spürte und die andere solche Gefühle gar nicht erst zuließ.

Was und wer komisch wirkt, ist immer eine Frage der Per-spektive, wenn wir jetzt mal von Normalmenschen ausgehen. Komische Leute sind einfach nur »andere« Leute. Sie fühlen anders, denken anders, handeln anders und reden auch an-ders. Manche streiten und andere nie. Auch das macht »komisch«.

Das Ampelsystem von Steven Reiss

Um komische Typen zu verstehen, durchschauen Sie erst ein-mal sich selbst. Wir nehmen Sie dazu einfach einmal mit auf einen kleinen Exkurs in die Motivationsforschung. Das Reiss-Profil nach dem amerikanischen Prof. Dr. Stephan Reiss ist ein an der Motivationsforschung orientierter Persönlichkeitstest, der 16 Lebensmotive misst. Jedes Lebensmotiv hat zwei Pole, also gegensätzliche Ausprägungen.[10]

Die Pole werden mit Ampelfarben symbolisiert:

- Grün heißt, etwas ist stark ausgeprägt.
- Rot signalisiert eine geringe Ausprägung.
- Dazwischen steht Gelb. Gelb zeigt an, dass die Person sich flexibel zwischen den Polen bewegen kann.

Ein solcher Gegensatz liegt zum Beispiel im Motiv »Ordnung«. Auf der einen Seite der Ordnung steht das Grundstreben nach Struktur bis bin zum Penibelsein (»grüne Ordnung«), auf der anderen Flexibilität bis hin zum Chaos (»rote Ordnung«). Alle 16 Motive haben so eine grüne und rote Seite.

Entdecken Sie Ihre Ecken und Kanten

Grün ist nicht gut, und Rot ist nicht schlecht – Steven Reiss möchte die Motive wertfrei und nach dem Motto »Jeder Mensch ist anders« betrachtet wissen. Dennoch gibt es gewisse Persönlichkeitsmerkmale, die die Integration in Teams meistens leichter machen. So können sich Personen mit vielen gelben Motiven leichter zwischen den Polen bewegen und sind gute Verbindungsglieder. Menschen mit starken roten und grünen Ausprägungen werden dagegen von anderen oft als »kantiger« empfunden, also fremd oder komisch. Wenn Sie bei einem oder mehreren der Lebensmotive auf der komplett anderen Seite als Ihre Kollegen oder als der Chef stehen, neh-

---

10 Informationen bei www.reissprofile.eu, im Buch »Who you are?« von Steven Reiss und auf der Webseite von Svenja Hofert, die zertifizierte Reiss-Trainerin ist.

men Sie den anderen als »komisch« wahr, vielleicht sogar unsympathisch, fremd, abstoßend.

Menschen mit »roter« Ordnung – also sehr flexible und veränderungsaffine Kollegen – betrachten Kollegen mit »grüner« Ordnung meist mindestens mit gesundem Misstrauen, wenn nicht sogar mit Unverständnis. Der mit »roter Ordnung« schöpft wie Ewa Kraft aus dem Kreativen, Flexiblen, der mit »grüner Ordnung« (vermutlich der Senior) aus der Struktur. Entzweiend dürfte auch Ewas »grüne« Macht gewirkt haben. Menschen mit »grüner« Macht wollen leisten, führen, leiten. Das erschreckt Menschen mit »roter« Macht, die gern attestieren und unterstützen. Die »roten Machthaber« empfinden die Dominanz und den penetranten Ehrgeiz der »grünen Machthaber« als unangenehm. Ewa wirkte auf ihren Vorgesetzten nicht leistungsaffin, sondern wie eine nervende Streberin.

Sie können sicher sein, dass 95 Prozent aller Chef- und Führungsprobleme mit solchen Unterschieden zu tun haben.

Vor allem diese drei Motive führten zur Antipathie zwischen Ewa und dem Senior-Consultant: Macht, Ordnung und Beziehungen. Die Tabelle auf den nächsten Seiten zeigt, wie unterschiedlich Eigen- und Fremdwahrnehmung sein kann:

Lebensmotiv	Ausprägung	Eigenwahrnehmung (denkt über sich selbst)	Fremdwahrnehmung (denkt über den gegensätzlich anderen)
Macht	hoch/grün: (Ewa) der/ die Einzige	Ich weiß, wo es langgeht, ich arbeite hart/viel, ich bin erfolgsorientiert, kraftvoll, leistungsmotiviert, erfolgreich, je mehr Leistung desto besser bin ich, viel arbeiten, zielorientiert, ungeduldig, effektiv, »Erst die Arbeit, dann die Kaffeepause«, Kontrolle, »Macher«, stark, hohe Messlatte, Einfluss nehmen, Tempo vorgeben, Treiber, Beweger, Gestalter	Der andere ist entscheidungsschwach, erfolglos, antriebsschwach, langsam. Der andere verschwendet meine Zeit, ist ineffektiv, eine Lusche«, keine Eigeninitiative, unschlüssig, zaudernd, braucht zu lange, versteckt sich hinter anderen
	niedrig/rot: (wahrscheinlich der Senior) der Geführte	Ich bin an Menschen orientiert, zurückhaltend, freundlich, lasse mich gerne anleiten, vorsichtig und sorgsam mit Entscheidungen, bin ein Dienstleister, möchte möglichst wenig Verantwortung tragen	Der andere ist dominant, lästig, kontrollierend, einseitig, wichtigtuerisch, getrieben, ein Workaholic und Besserwisser, er ist ungeduldig, nicht zuhörend, gehetzt, nicht an Menschen orientiert, Burn-out-gefährdet, kann nicht lockerlassen, verbissen, gehetzt

Lebens-motiv	Aus-prägung	Eigenwahrnehmung	Fremdwahrnehmung
Ordnung	hoch/grün: der Organi-sierte	Ich bin ordentlich, organisiert, sauber, strukturiert, sensibel für Hygiene, sozialisiert, detailorientiert, stark kontrolliert, voll konzentriert auf eine Sache, Dinge »abhaken« zu können ist gut, alles muss seine Ordnung haben, Ordnung kommt von innen nach außen, klare Linie in der Ordnungsstruktur, ich liebe Rituale, Plan haben und einhalten	Der andere ist nachlässig, chaotisch, unorganisiert, unstrukturiert, schlampig ungepflegt, schmutzig, ungesund, unpünktlich, ungenau, unberechenbar, unzuverlässig
	niedrig/rot: der Flexible	Ich bin flexibel, spontan, offen, abwartend, pragmatisch, kreativ, es muss nicht genau sein, 80 % Erledigungsgrad reichen, multifunktional, multitasking, allzeit bereit für Planänderun-gen	Der andere ist streng, pingelig, detail-verliebt, übertrieben rein, zu perfekt, kontrolliert, »Erbsenzähler«, kümmert sich um triviale Dinge, langweilig, spießig, fanatisch, zwanghaft, nicht leistungsfähig, wenn es anders kommt als geplant

Lebens-motiv	Aus-prägung	Eigenwahrnehmung	Fremdwahrnehmung
Beziehungen	hoch/grün: der Gesellige	Ich bin freundlich, humorvoll, aufgeschlossen, lebendig, im Leben stehend, lebenslustig, liebe den Spaß, liebe Menschen, habe viele Freunde, ziehe Kraft aus dem Umgang mit anderen, bin unterhaltsam und unterhalte mich gern	Der andere ist steif, ernst, ungesellig, zurückgezogen, einsam, humorlos, Langweiler, unfreundlich, Spaßbremse, arrogant, unnahbar, einsam, verlassen, hat keine Freunde
	niedrig/rot: der Einzelgänger	Ich bin privat, ernsthaft, zurückhaltend, ausgewogen, tankte Kraft aus dem Alleinesein für den Umgang mit anderen, brauchte Rückzug als Pausen, brauchte Pausen für sich selbst, kein Small Talk	Der andere ist oberflächlich, hohl, ausgelassen, anbiedernd, kindlich, immer unterwegs, unstet, Dummschwätzer, viel heiße Luft, Sprücheklopfer, substanzlos, distanzlos, ist sich selbst nicht genug, kennt nur Small Talk

Quelle: Reiss Profile Germany GmbH, www.reissprofile.eu

Die ist keine von uns

Ein Zeichen von Ewas Wunsch nach Macht war es, schon nach wenigen Wochen einen Agenturwechsel vorzuschlagen. Im Ehrgeiz verhaftet, aber ohne Sinn für die Bedeutung von Beziehungen, argumentierte sie mit Effizienz und Kostenersparnis. Den Kollegen waren aber Beziehungen sehr wichtig. Ein Beleg dafür ist die hohe Bedeutung der Mittagspause. Dass sie direkt die vertraute Agentur abschaffen wollten, empfanden ihre Kollegen als schlimmen Tabubruch. Völliges Unverständnis auf breiter Front: Wo die Zusammenarbeit doch so lange so gut war! Was zählt da Geld? Ewas Vorschlag wirkte wie ein brutaler Anschlag auf das Kuschelig-Gewohnte. Krieg! Die anderen haben dann schnell gedacht: »Die ist keine von uns.« Im Laufe der Zeit wurde dann klar: »Die wird auch keine von uns.«

spielen sie nicht im sturm, wenn sie verteidiger sind

Ewa sagt: Das stimmt, ich bin sehr ehrgeizig. Ich war wohl auf der falschen Position.

Nicht nur die Persönlichkeit spielt eine Rolle, sondern auch die Position, auf der sie »spielt«. Stellen Sie sich Luca Toni im Tor vor oder Tim Wiese im Sturm. Auch als absolutem Fußball-Laien dürfte Ihnen klar sein: Das geht schlecht. Auf jeden Fall wären die Fußballer in den vertauschten Rollen bestenfalls durchschnittlich gute Spieler.

Rollen lassen sich nicht einfach vertauschen. Der Torwart ist konzentriert, wachsam. Stürmer sind dynamisch, aggressiv, wollen gestalten und mitreißen. Mittelfeldspieler sind flexibel, manchmal kreativ. Abwehrspieler verteidigen, schützen. Hinter jeder Position steht auch eine Persönlichkeit – und so ist es auch in einem Unternehmen. Wenn Sie Fußball spielen würden: Wären Sie eher Torwart oder Stürmer, Mittelfeldspieler oder in der Abwehr?

Meredith Belbin definierte 9 Rollen für optimale Teams.[11] Der Stürmer ist bei ihr »Macher«. Was sind Sie selbst? Den Test gibt es frei verfügbar im Internet. Geben Sie bei Google »Belbin Test« ein.

11 Mehr unter www.belbin.com

Auf welcher Position im Team Sie am besten spielen, hat allein mit Ihrer Persönlichkeit zu tun, nicht mit Fachwissen. Deshalb werden so viele Stellen falsch besetzt. Die Unternehmen suchen jemanden, der etwas weiß und kann, aber nur sehr selten jemanden, der das Team ideal ergänzt und für diese Funktion richtig ist. Stattdessen schreiben sie »teamfähig« in ihre Anzeigen und meinen alles und nichts.

Wenn das Unternehmen einen »Perfektionisten« sucht, der detailorientiert für den letzten Feinschliff sorgt, Sie aber ein »Macher« sind, geht das beim besten Willen und trotz aller Geheimrezepte nicht zusammen. Macher brauchen ein Umfeld, in dem sie sich durchsetzen können und in dem unorthodoxes Denken geschätzt ist. Da Sie Dinge bewegen und verändern wollen, sind sie theoretisch ideal für Teams, die Altes festhalten und bewahren möchten – obwohl sie diese Haltung überhaupt nicht schätzen. Doch es gibt einen ganz entscheidenden Haken: Die Veränderung muss, anders als in Ewas Unternehmensberatung, auch wirklich gewünscht sein.

Wir erleben es häufig, dass sich Bewerber schon im Vorstellungsgespräch verstellen. Sie bereiten sich darauf vor, das zu antworten, was die anderen hören wollen. Hier liegt schon der Fehler im System: Sie landen im Tor, obwohl Sie im Sturm richtig wären. Man schätzt Sie falsch ein, setzt Sie auf die falschen Stellen.

Wenn Sie sich nicht verstellen, reduziert sich das Risiko, falschen Jobs aufzusitzen und in (für Sie) unproduktiven Umgebungen zu landen. Artikulieren Sie im Vorstellungsgespräch deshalb lieber, wie Sie sind. Denken Sie nicht daran, was jemand hören will, sondern daran, was Sie zu sagen haben. Nicht umsonst gibt es den Spruch: »Man wird eingestellt aufgrund des Wissens, aber gefeuert wegen seines Verhaltens.«

das überlebenstraining für mittwoch im schnell-durchlauf

- Beobachten Sie, welche geheimen Regeln und ungeschriebenen Gesetze in Ihrem Unternehmen gelten.
- Wenn möglich suchen Sie sich eine nette Person und verbünden Sie sich mit dieser, um die geheimen Regeln herauszufinden.
- Tarnen Sie sich in der Anfangsphase durch unauffällige Kleidung und möglichst wenig Blingbling.
- Zetteln Sie nicht gleich am Anfang eine Revolution an. Gewinnen Sie für Veränderungen Verbündete und gehen Sie langsam und schrittweise vor.
- Überfallen Sie die Kollegen nicht gleich am ersten Tag mit einem Kuchenbuffet – und mit Alkohol sind Sie bitte erst recht vorsichtig. Fragen Sie erst mal, was üblich ist.
- Sind Sie komisch oder die anderen? Durchschauen Sie sich erst selbst, bevor Sie die Kollegen als »seltsame« Wesen abstempeln.
- Versuchen Sie nicht, auf jeder Position zu spielen. Finden Sie besser den Platz im Team, der zu Ihren Qualitäten passt.

Wohin steuern wir eigentlich? Wer keine klaren Ziele hat, kann auch keine Trauminseln erreichen. Erst recht nicht, wenn es unterschiedliche Vorstellungen in einem Team gibt. Denn was, wenn der eine in die Südsee, der Nächste nach Sylt und der Dritte zu Hause bleiben will? Dann gibt es Konfliktstoff ohne Ende. Ohne klaren Kurs und ohne Ziel sind Max, Bea und Uli unterwegs. Die drei leiten eine Agentur, in der jeder macht, was er will. Auch die zehn Mitarbeiter tanzen alle aus der Reihe und denken: Team? Wozu? Ich mache mein eigenes Ding!

Einige Mitarbeiter unseres Dreier-Teams haben schon das Weite gesucht und die Kündigung eingereicht. Chaotisch sei der Laden! Die anderen haben keine Lust mehr. Ein Mitarbeiter surft den ganzen Tag auf Börsenseiten, ein anderer beschäftigt sich überwiegend mit privater Marktforschung für die eigene Geschäftsidee. Max, Bea und Uli haben sich den Donnerstag als Trainingstag ausgesucht. Wir sind zu Gast bei den dreien im Hamburger Schanzenviertel.

Die Erfahrungsberichte von Max, Bea und Uli

Hallo Frau Hofert, hallo Herr Visbal,

gestern hat Bea einen potenziellen Großkunden abgewimmelt, indem sie lapidar erklärt hat, dass wir im nächsten Jahr keine Zeit für Aufträge mehr hätten. Die spinnt! Ich habe sie angeschrien. Meine Nerven liegen blank. Wir könnten so viel erreichen, wir haben so viel Potenzial – aber meine beiden Partner wollen weiter kleine Brötchen backen.

Seit drei Jahren haben wir nun unsere Agentur und die Auftragslage ist gut. Die Mitarbeiter folgen ihren eigenen Regeln. Einer kommt und geht zum Beispiel, wann er will. Eine Kollegin ist alle naslang krank. Und dann haben wir noch eine Mitarbeiterin, die ungefragt ihren Köter mitbringt und ständig laute Telefonate mit ihrer Freundin führt. Ich habe schon mehrfach gesagt, dass ich das nicht dulde, aber meine Partner ziehen nicht mit an diesem Strang.

Bea will auf keinen Fall mit den Mitarbeitern streiten, während ich die Leute am liebsten sofort vor die Tür setzen würde, wenn sie mal wieder aus der Reihe tanzen. Uli geht mir auch auf die Nerven, weil er ständig quatschen will und in der Küche rumhängt. Wie zu Studentenzeiten – aber die sind vorbei.

Mittlerweile streiten wir uns jeden Tag wegen irgendetwas. Auch über die Ausrichtung unserer Agentur sind wir uns uneins. Wir haben alle drei ein gutes Gespür für Design und da sehr ähnliche Vorstellungen. Das ist aber leider schon alles. Ich möchte mit meiner Arbeit auch richtig Geld verdienen. Wir ziehen da nicht am gleichen Strang.

Was schlagen Sie vor?
Max

―――――――――――

Liebe Frau Hofert, lieber Herr Visbal,

ich kann Max nicht mehr verstehen. Es geht ihm nur noch um Geld und seine verrückte Vision von einer Riesenagentur. Die Mitarbeiter behandelt er von oben herab und brüllt auch immer öfter rum. Gestern hat er sogar mich angeschrien. Ich weiß nicht, wie ich darauf reagieren soll. Es macht mich fertig.

Keine Ahnung, was Max so unzufrieden macht, denn der Laden läuft gut. Wir müssen uns keine Sorgen machen und haben einen festen Kundenstamm. Wenn wir so klein bleiben, kann ich weiter selbst kreativ arbeiten – und das ist mir wichtig. Auch mit den Mitarbeitern bin ich zufrieden. Mir persönlich ist es egal, wenn einer öfter mal später kommt. Max ist da sehr launisch und unberechenbar. Mal meckert er rum, mal sagt er nichts.

Ich wünsche mir, dass wir wieder so gut zusammenarbeiten können wie früher.

Beste Grüße
Bea

Liebe Frau Hofert, lieber Herr Visbal,

Sie haben ja jetzt schon alles gelesen. Mich stört das alles gar nicht wirklich. Ich finde es nur schade, dass wir kaum noch etwas gemeinsam unternehmen. Wir stimmen uns auch überhaupt nicht ab. Mehr gemeinsame Aktivitäten wären schön. Wie kriegen wir wieder alle in ein Boot?

Herzlichst
Uli

Das Team
- Max, Bea und Uli betreiben eine Designagentur. Alle drei kommen aus dem kreativen Bereich und haben die gleichen Aufgaben.
- Das Mitarbeiterteam ist unmotiviert und macht, was es will.

Hintergrund: Das Geheimnis guter Zusammenarbeit

Max, Bea und Uli stoßen gleich an zwei Team-Baustellen auf Granit: Zum einen birgt ihre eigene Zusammenarbeit eine explosive Mischung, zum anderen tanzen die Mitarbeiter aus der Reihe. Dass unsere drei Gründer nicht etwa nur ein gemeinsames Projekt bearbeiten, sondern ein gemeinsames Unternehmen führen, gibt dem ganzen Chili-Würze. Denn am Ergebnis der Arbeit hängt nicht einfach die Beurteilung eines Vorgesetzten oder die Zufriedenheit von Kunden wie in Angestellten-Projekten, sondern ein eigener Lebenstraum und sogar die Existenz.

Dabei ist die Teamarbeit auch bei Unternehmensgründern ein – zumindest theoretisches – Erfolgsrezept. Studien behaupten, dass Teamgründer erfolgreicher seien. Der Grund: gegensätzliche Kompetenzen ergänzten sich, 1+1 macht nicht nur 2, sondern 3.

Es gibt nur wenige Forscher, die dieser weitverbreiteten Überzeugung nicht folgen können. J. Richard Hackmann ist so einer. Sein ganzes Leben hat der Soziologe und überzeugte Einzelkämpfer damit verbracht, zu belegen, dass die meisten Teams scheitern müssen und woran. Dabei fand er heraus, dass die für Teamarbeit vielfach zitierte Formel $1+1=3$ (oder $1+1+1=4$ bei drei Personen) nicht stimmt. Wer sich gegenseitig ergänzt, erreicht im Idealfall $1+1=2$ – aber auch nur, wenn nicht jeder sein eigenes Ding macht. $1+1$ kann aber auch 0 ergeben, wenn sich die Tätigkeitsgebiete ineffektiv überschneiden oder sogar −1, wenn wie in unserem Beispiel Konflikte das Team zerreiben.[12]

keine gemeinsamen ziele

In unserer Studie fragten wir nach einem positiven Erlebnis im Team. An erster Stelle nannten die Interviewten ein für sie wichtiges Ziel, das durch die Teamarbeit erreicht wurde. Da haben wir wieder den gemeinsamen Strang: Wenn zwei oder drei Personen zusammenarbeiten, lässt sich nur dann +2 oder +3 erzielen, wenn alle in die gleiche Richtung ziehen und wissen, wohin sie wollen.

Doch je mehr Personen das Sagen haben, desto schwieriger wird die Zieldefinition. Ein uns bekanntes Unternehmen begann mit sechs Gründern und einer genialen Idee. Schon im ersten Jahr verabschiedeten sich vier Personen, weil jeder etwas anderes wollte. Die verbleibenden zwei Gründer stritten sich bis vor Gericht, das entscheiden sollte, wer das Unternehmen fortführen durfte.

Uli, Bea und Max sind schnell über ihre Anfangsziele hinausgewachsen und haben es versäumt, sich neue zu stecken. Gemeinsame Projekte realisieren, cooles Design machen, einen Sitz im Szeneviertel und Spaß haben – das stand am Anfang im Vordergrund. Doch jetzt kommen ganz neue Themen auf, Wachstum zum Beispiel. Der alte Zusammenhalt ist futsch.

12 J. Richard Hackmann, Groups that work (and those that don't), San Francisco 1990

zu viel sympathie

Sich gut verstehen und gut miteinander arbeiten ist wie Kuchenbacken und Arschbacken: Es klingt ähnlich, ist aber etwas völlig Unterschiedliches.

Die Sympathiefalle verwischt diesen Unterschied. Sympathie entsteht aufgrund irgendeiner Gemeinsamkeit, etwa dem Faible für schöne Dinge wie bei den drei Agenturgründern. Auch Sportleidenschaft, ein ähnlicher Freundeskreis oder das Interesse für Kultur kann zusammenschweißen. So sehr, dass Sie versucht sind zu glauben, auf der Arbeit könnte es auch klappen. Ob bei Selbstständigen, an Universitäten oder in Unternehmen: Überall passiert dasselbe, die Sympathiefalle schnappt zu. »Der ist mir sympathisch, also realisiere ich ein gemeinsames Projekt oder gründe ein Unternehmen mit ihm.«

Doch die praktische Arbeit hat nur wenig mit dieser Gemeinsamkeit zu tun. Im Laufe der Zeit treten die anderen, alltäglichen Dinge in den Vordergrund. Vielleicht stört der Klodeckel, vielleicht die immer offenen Fenster. Wir haben erlebt, dass ehemals gut befreundete Teamkollegen über die Heizung in Streit geraten sind. Während der eine darauf Wert legte, diese nach Ende der Arbeit immer herunterzudrehen, ließ der andere sie auch über Nacht laufen. Ein Zettel an der Tür, auf den sich beide einigten, war die Lösung. Darauf stand »Heizung runter vor dem Rausgehen«.

Es gibt indes sehr viel dramatischere Meinungsverschiedenheiten, die anfängliche Sympathie in Hass umschlagen lassen können. So scheiterten zwei Ladenbesitzerinnen, die sich seit dem Sandkasten kannten, an der fehlenden Übereinkunft darüber, ob die Mutter von drei Kindern weniger arbeiten dürfe als die Frau, die nur ein Kind hatte. Das Thema wurde nie offen ausgesprochen, aber die mit den drei Kindern setzte selbstverständlich voraus, dass sie weniger Stunden im Geschäft verbringen müsste. Die Situation eskalierte, bevor das Problem überhaupt benannt war. Auch heute noch reden beide kein Wort mehr miteinander.

Die Betreiber einer Unternehmensberatung, seit der Uni dicke Freunde, konnten sich nicht einig werden, wie der Gewinn ausgeschüttet werden sollte, ob nach Gesellschafteranteilen oder eingesetzten Stunden. Der Streit endete in einer handgreiflichen Auseinandersetzung. Manchmal führen unterschiedliche Ansichten auch einfach nur zum Scheitern eines ambitionierten Vorhabens. So wurden sich die gut befreundeten Entwickler eines neuen Zeitschriftentyps nicht über die Ausrichtung einig. Um die Freundschaft nicht zu gefährden, teilte man die Verantwortung: Eine Woche war der eine, die zweite Woche der andere am Ruder. Mit der Folge, dass zwei ganz unterschiedliche Versionen erschienen und sich die Zeitschrift insgesamt am Markt nicht durchsetzen konnte.

Es ist immer das gleiche Spiel: Während sich Fremde noch eher über ihre Ziele verständigen, gehen miteinander vertraute Menschen von stillen Übereinkünften aus. Wer sich gut versteht, hält es nicht für nötig, über die Marke der Kaffeemaschine oder solche Kleinigkeiten wie die Dicke des Klopapiers zu sprechen. Doch genau das ist nötig.

alpha-spielchen

Es gibt Alphatiere, die sich von anderen besonders ungern etwas sagen lassen und ihr eigenes Ding machen wollen: Unternehmer, Top-Manager und Trainer, auch im ehrenamtlichen Bereich. Wenn sie im Team zusammenkommen, sind sie deshalb besonders schwer zu bändigen.

Einmal sollten wir mit einer Gruppe von ehrenamtlichen Fußballtrainern allgemein verbindliche Grundregeln des Umgangs untereinander und des Umgangs mit den Kindern und Eltern abstimmen. Das war eine fast unlösbare Aufgabe, denn sieben von zehn Trainern waren vollkommen überzeugt, dass sie keinerlei Regeln brauchten und sowieso alles richtig machten. Nur drei waren einigermaßen offen, gaben das aber nicht zu, um sich keine Blöße zu geben.

Ein besonders prächtiges Alphatier sah sich selbst als Vorbild für alle anderen, da er die erfolgreichste Truppe aufgebaut hatte. Allerdings hatte gerade er die meisten Probleme mit den Eltern, denn diese empfanden seine Art als unverschämt (was ihm jedoch wurscht war). Erst nach Einzelgesprächen mit direktem Feedback war dieses Alphatier bereit, sich von seinem harten Ego-Standpunkt wegzubewegen. Die Lösung war, dass wir jedem jeweils eigene Aufgaben und Verantwortlichkeiten zuwiesen, zum Beispiel die Veranstaltung von Elterngesprächen.

Nicht nur Alphatiere brauchen, wenn sie in einem Team zusammenkommen, eine eigene Rolle. »Alle machen das Gleiche« – das funktioniert beim Arbeiten nicht.

anarchie und machtkämpfe

Was passieren kann, wenn keiner den Hut aufhat, zeigt sich dort, wo nichts geregelt ist. Das Team wird zum ungeordneten Haufen. In diesem regelfreien Raum herrscht ein Machtkampf.

Gerade am Aufkeimen ist der Machtkampf bei Bea, Max und Uli. Jeder arbeitet für die eigenen Ziele. Die können nicht nur bei Unternehmern sehr verschieden sein: möglichst viel Geld verdienen, früh Feierabend machen, interessante Aufgaben erledigen oder ein hohes Ansehen haben.

Wenn Ego-Ziele dominieren, wird das Unternehmen den Mitabeitern und deren Eigeninteressen überlassen. Das kann so extrem sein, dass irgendwann die Chefs das Weite suchen. Bei einer bekannten Consultingfirma aus München hat das Gründungsteam nach zehn Jahren das Zepter aus der Hand gegeben. Mächtige, betriebswirtschaftlich getriebene Mitarbeiter, deren Eigeninteresse vor allem Geld war, haben die Führung übernommen. Wie kann so etwas passieren, wenn einem die Firma doch gehört, fragte eine Seminarteilnehmerin ungläubig, als sie diese Geschichte hörte. Ganz einfach: Wenn eine übergeordnete, starke Vision fehlt, setzen sich kurzfristige Ziele durch. Aus dem Ego-Ziel eines Mitarbeiters wird ein Unternehmensziel und schwupp sind die Zügel aus der Hand …

Es kann auch andersherum sein: Die Führung verfolgt eine klare Vision, aber die Mitarbeiter können ihr nicht folgen. Das passiert vor allem, wenn die Vision im Nachhinein installiert wird oder nach einem Führungswechsel. In einem Unternehmen wechselte ein sehr visionärer Geschäftsführer in das Leitungsteam. Bis dahin galt die Devise »Wir machen handwerklich gute Arbeit«, doch der neue Geschäftsführer brachte Gedanken an Wachstum und internationale Expansion ins Spiel. Viele Mitarbeiter kündigten, weil die sich daraus ergebenden neuen Ziele nicht mit ihren Ego-Zielen vereinbaren ließen, zum Beispiel einen sicheren Job vor Ort zu haben.

Überlebensstrategien

Ohne Visionen backen Menschen nur Brötchen für den Eigenverzehr. Visionen verbinden Menschen und geben ihnen einen übergeordneten Sinn. Sie sind das beste Mittel gegen Egoismen, halten Mitarbeiter bei der Stange und heben die Laune.

Um gemeinsame Ziele und später auch Visionen zu finden, sollten Sie allerdings erst einmal wissen, was Ihre Teampartner antreibt. Denn Visionen lenken die Triebkräfte der Gruppe in eine Richtung, die alle vertreten können und die allen dient. Das ist eine der Lektionen, die unser Gründerteam als Überlegensstrategie mit auf den Weg bekommt.

- Wie Sie Ego-Zielen auf die Schliche kommen.
- Warum Sie zum Mars fliegen sollten.
- Warum Sie ein Teamgesetzbuch schreiben sollten.
- Weshalb Sie mal einen anderen Hut aufsetzen sollten.
- Warum Sie das Brüllen lassen …
- … und besser mal so richtig streiten sollten.

ego-ziele aufgedeckt

Bea: Ich möchte mit euch zusammenarbeiten, um gemeinsam richtig schöne Projekte realisieren zu können!

Max: Ich will viel Geld verdienen, mehr als ich es als Angestellter und Freiberufler könnte.

Uli: Mir geht es um den Spaß. Zu dritt hat man viel mehr Spaß als allein. Allein die gemeinsame Kaffeepause in der Küche ist schon super.

»Wer den Hafen nicht kennt, in den er segeln will, für den ist kein Wind ein günstiger«, schrieb Seneca. Die Ego-Ziele unseres Gründerteams zeigen, dass es keinen Hafen gibt. Trotz Sandkastenfreundschaft und langjähriger Verbundenheit. Heißt das, Trennung ist die einzige Lösung? Nein. Ein Auto kann mit Gas, Diesel, Super oder Benzin betrieben werden. Sie können mit einem Porsche, Audi oder Seat fahren. Hauptsache, Sie wissen wohin. Wenn sich alle drei einig sind, wohin die Reise geht, dann können Sie den Reiseweg und Transportarten frei bestimmen.

Dafür ist es allerdings notwendig, den eigenen Antrieb und den des jeweils anderen zu kennen. Wenn Beas Antrieb die Arbeit an schönen Dingen ist, müssen Max und Uli das zulassen können und wertschätzen. Wenn Uli vor allem auf Spaß und Gemeinschaft setzt, sollten die anderen keine Spaßbremsen sein. So wie Uli akzeptieren muss, dass Max und Bea dem Geld und guter Arbeit hinterherjagen.

Kommen Sie Ihren eigenen Bedürfnissen und denen der anderen Teammitglieder auf die Spur! Wir haben dazu Fragen für Team-Unternehmer ausgearbeitet:

1. Was ist Ihre Motivation, sich selbstständig zu machen oder selbstständig zu sein?
2. Warum wollen Sie es nicht alleine zu tun?
3. Warum wollen Sie es mit gerade diesem Partner tun?
4. Würden Sie auch ohne ihn gründen? In welchem Fall?
5. Meinen Sie, er wäre ersetzbar, die Gründung auch ohne ihn durchführbar?
6. Welchen Stellenwert hat das gemeinsame Unternehmen in Ihrer Lebensplanung?
7. Wenn Sie morgen ein Traumjobangebot bekommen, würden Sie es annehmen und aus der gemeinsamen Planung aussteigen?

Fragen für Projekt-/Vorstandsteams:

1. Was ist Ihre eigene Motivation, sich in dem Projektteam zu engagieren?

2. Was sehen Sie positiv an der Teamarbeit?
3. Wo sehen Sie Probleme?
4. Was schätzen Sie an Ihren Partnern im Team?
5. Was fehlt Ihnen?
6. Welchen Stellenwert hat das Projekt in Ihrer Karriere-
   planung?

Beantworten Sie die Fragen jeder für sich und führen Sie die Ergebnisse anschließend zusammen. Gleichen Sie danach die unterschiedlichen Zielvorstellungen ab. Erkennen Sie Gemeinsamkeiten und Unterschiede und diskutieren Sie, was das für die Zusammenarbeit bedeutet. Machen Sie es am besten wie Bea, Max und Uli und schalten Sie dazu einen neutralen Moderator ein.

Die drei kamen bei der Auswertung ihrer Antworten übrigens darauf, dass Geld für alle ein wichtiger Faktor sei, wenn auch für Bea und Uli nicht der wichtigste. Auch der Wunsch, innovatives und hochwertiges Design zu liefern, verbindet alle – wenn dies auch für Max nur an zweiter Stelle steht.

Werden Sie hellhörig, wenn sich wenig oder gar keine Gemeinsamkeit herausstellt – es also keinen Hafen gibt, den Sie alle mit Ihren unterschiedlichen Fahrgeräten ansteuern können.

zum mars fliegen

»Die bekannteste und innovativste Designagentur in Hamburg zu werden, finde ich schon mal eine gute Idee«, erwidern Max und Uli auf den Vorschlag von Bea.

»Wenn du ein Schiff bauen willst, dann trommle nicht Männer zusammen, um Holz zu beschaffen, Aufgaben zu vergeben und Arbeit einzuteilen, sondern wecke die Sehnsucht nach dem weiten, endlosen Meer«, schrieb einst Antoine de Saint-Exupéry. Sehnsucht treibt, ein klassisches Projektziel dagegen macht nur Vorgaben.

Die Kunst ist es, die Vision in zwei, drei Sätzen kurz und bündig auf den Punkt zu bringen. Das gelingt nicht vielen Unternehmen. Geben Sie bei Google einfach mal das Stichwort »Unternehmensvision« ein, um Beispiele zu finden. Die meisten sind schlecht. Oder finden Sie etwa »sexy«, was dieses Unternehmen als Vision beschreibt? »Die HOCHTIEF PPP Solutions GmbH bietet ihren Partnern maßgeschneiderte Gesamtlösungen für die Bereiche soziale Infrastruktur/öffentlicher Hochbau und Straßen in Premium-Qualität.«

In einem von uns begleiteten Unternehmen aus der Medienbranche entwickelten die beiden Geschäftsführer folgende Vision: »Wir sind eine Spezialagentur für Medien und Kommunikation. Als Experten für Solar und Photovoltaik wollen wir hochwertiges Design mit bedeutenden Zukunftsthemen verbinden. Wir sind Überzeugungstäter und stehen für die Werte: Leidenschaft, Klarheit, Ehrlichkeit, Verbindlichkeit und Nachhaltigkeit.«

schreiben sie ihr team-gesetzbuch tgb

Max sagt: Ich hätte gern ein paar allgemeine Regeln für alle, auch die Mitarbeiter.

Die Zahnpastatube hat manches Ehepaar auseinandergebracht, der unaufgeräumte Schreibtisch manche Kollegen.

Eine Bürogemeinschaft brach entzwei, weil man sich nicht über die Putzordnung einig werden konnte. Regeln müssen sein. Dummerweise halten viele es nicht für nötig, sich über so etwas Simples Gedanken zu machen. Ist doch selbstverständlich, dass alle aufhören zu reden, wenn einer im Team im Großraumbüro ein wichtiges Kundengespräch führt! Nene.

Rede über scheinbar lächerliche Details und lege sie fest – so lautet unsere Empfehlung. Ein kleiner Vorschlag für Bea, Max und Uli:

- Vor den Mitarbeitern führen wir niemals Streitgespräche.
- Wir sind höflich zueinander.
- Einmal in der Woche setzen wir uns zu einer Führungsteamsitzung zusammen, um Missstimmungen und Ärger frühzeitig zu besprechen.
- Wir gehen wertschätzend miteinander um und akzeptieren die Stärken und Aufgabenbereiche der Kollegen.
- Einmal pro Jahr treffen wir uns für ein Wochenende zu unserem Strategiemeeting außerhalb der Stadt.

Auch Projektteams können ihre Regeln gemeinsam ausarbeiten. Das Ergebnis sollte aber nicht mehr als zehn »Teamgesetze« umfassen, auf die sich alle einigen können. Diese sollten für alle Kollegen jederzeit sichtbar sein – und nicht nur wie die zehn Gebote in der hintersten Schublade liegen.

mal einen anderen hut aufsetzen

Uli sagt: Ich denke, wir müssen dann doch auch mal über die Verteilung unserer Aufgaben sprechen.

Es gibt so viel zu tun. Mehr als Sie zunächst denken. In Unternehmerteams, aber auch in Projektgruppen oder Vereinen.

Schreien schon alle »hier«? Wunderbar. Schreiben Sie erst mal alle Aufgabenbereiche auf und fassen Sie zusammen, was zusammenpasst. Stellen Sie sich vor, jeder Aufgabenbereich trage einen andersfarbigen Hut. Und diese Hüte verteilen Sie auf die Köpfe. Halt! Kann es sein, dass sich alle um die gleichen Jobs balgen? Höchstwahrscheinlich will keiner Akquise und Rechnungswesen haben. Um gewisse andere Jobs reißen sich dagegen alle, Marketing etwa.

Verschärft ist die »Anti-Akquise-« und »Nix-Kaufmännisches-Haltung« im kreativen Umfeld. Da gibt es Unternehmer, die schreiben Rechnungen ein Jahr nach Abgabe des Auftrags – sofern sie überhaupt dran denken. Zahlen? Hilfe! Manche verschließen selbst dann noch die Augen, wenn sie ins betriebswirtschaftliche Minus gerückt sind. Einer bekannten Hamburger Werbeagentur passierte das vor nicht allzu langer Zeit. Wie überall in der Welt der Kreativen war das Kaufmännische auch dort ein Kellerkind. (Der arme Kollege, der mit dieser Aufgabe betraut war!)

Unsere Lösung, wenn das Motto »Wer will was?« zu ungerechten Ergebnissen führt: Jedes Teammitglied bekommt je eine geliebte und eine ungeliebte Aufgabe.

Bei unserem Team sieht das Ergebnis so aus:

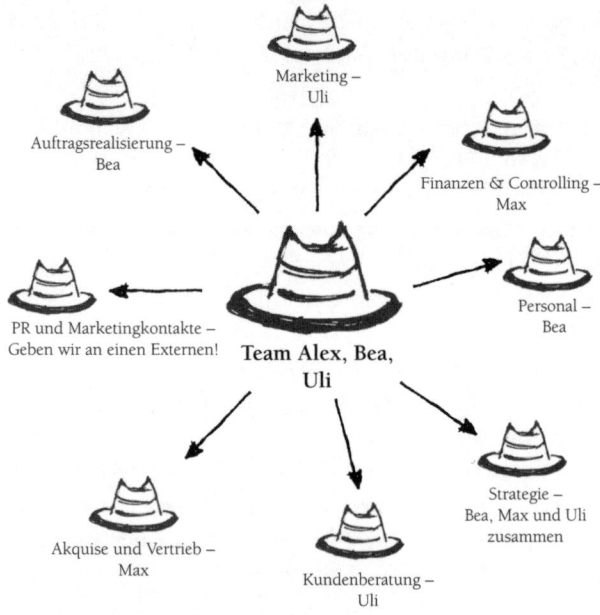

überlassen sie das brüllen den löwen ...

Bea: Über das Rumbrüllen müssen wir noch mal gesondert reden, Max. Das geht nicht, auch nicht gegenüber den Mitarbeitern.

Viele Alphatiere haben einen Nebenjob als Choleriker. Es treibt sie mit dem Kopf gegen die Wand. Wenn sich nicht schnell genug tiefe Löcher bohren lassen, rasten sie aus. Das kann dann so theatralisch ablaufen wie in der Redaktion einer Hamburger Zeitung. Dort brüllt der Chef seine Mitarbeiter mehrmals täglich an und wirft ihnen ungefiltert »Scheiß-Arbeit« an den

Kopf. Egal, was sie gemacht haben. Nun gibt es einige wenige Mitarbeiter, die mit so einem Stil gut umgehen können und auf Durchzug schalten können. Die meisten nicht.

So entsteht bei den Kollegen der Angst-vor-Papa-Effekt. Der Choleriker ist gefürchtet wie in den 1950er-Jahren der Herr Papa, wenn er schlecht gelaunt nach Hause kam. Die unberechenbaren Ausbrüche führen dazu, dass arme Mitarbeiter den ganzen Tag nur damit beschäftigt sind, zu überlegen, was der Chef gerade wünscht und wie er etwas sehen oder entscheiden würde. Die gebeutelten Opfer denken dann Dinge wie: »Beim letzten Mal wollte er es so haben, also machen wir es dieses Mal auch so.« So werden Mitarbeiter versklavt, aber nicht motiviert.

Nun gut: Belehren hilft nicht. Das Brüllen abzustellen ist für Choleriker wie Max nicht einfach. Dafür muss er sich sehr kontrollieren. Kurz durchatmen vor dem Ausbruch, lachen statt brüllen oder einfach in den Keller gehen: Jeder muss da seine individuelle Lösung finden. Am besten ist es, mit Hilfsmitteln zu arbeiten, zum Beispiel einem Stein in der Tasche. Das ist dann der Anti-Wut-Stein. Immer wenn der Ausraster kurz bevorsteht, fasst Max ihn an. Es kann auch ein Knopf sein oder einfach ein bestimmtes Bild oder ein Gefühl, das er abruft, wenn … ES hochkommt. Belohnungen sind erlaubt. Beim Bürofachhändler Staples gab es mal einen lustigen roten Knopf mit der Aufschrift »That was easy!«. Wer sich überwunden hat, drückt drauf. Das nennt man »Konditionierung«. Kennen Sie bestimmt noch aus der Schule: der pawlowsche Hund.

Auch individuelle Maßnahmen können helfen: Ein cholerisch veranlagter Projektleiter klebte sich ein großes Stoppschild in den Laptop. Immer wenn er kurz davor war, die Fassung zu verlieren, schaute er darauf – und hielt inne.

... aber streiten sie mal so richtig

Bea sagt: Mir wäre es lieber, wenn wir stattdessen konstruktiv streiten!

Streit ist nicht schlecht. Jedenfalls, wenn Sie Streit als das begreifen, was er ist: etwas Interaktives – und kein einseitiger Angriff, in dessen Folge sich der Angegriffene verteidigen muss oder klein beigibt. Das nennt sich Krieg. Bitte nicht verwechseln.

Den Ausbruch eines Krieges verhindern Sie, indem Sie Ihre Sicht der Dinge so darlegen, dass klar ist, dass es Ihre eigene ist. »Ich sehe das so ...« wird den anderen weniger auf die Palme bringen als »Das ist einfach so.« Auch persönliche Angriffe mit »Du bist aber ein ...« gehören nicht ins Repertoire einer höheren Streitkultur. Beleidigungen à la »Lern erst mal vernünftig Deutsch, bevor du was sagst« sind ebenfalls unschön und fallen unter die Kategorie Angriff = Krieg. Eine faire Streitkultur setzt voraus, dass Sie den anderen als Partner auf Augenhöhe wahrnehmen.

Sie haben sich schwarzgeärgert und können den anderen nicht als Partner sehen, sondern nur als rotes Tuch? Schlafen Sie eine Nacht über Ihren Ärger. Am nächsten Tag dürfte die erste Wut verraucht und ein Gespräch möglich sein. Führen Sie dies immer persönlich. Es erstaunt uns, dass einige Teammitglieder immer noch der Ansicht sind, man könne Konflikte und Meinungsverschiedenheiten online austragen. Sogar Menschen in Großraumbüros sind dem Glauben verfallen, dass es besser sei, eine E-Mail an das Gegenüber zu schreiben, als einfach mit ihm über das Streitthema zu reden! So wächst und gedeiht Teamhass!

Einmal lernten wir zwei Teamgründerinnen kennen, die

sich seit dem Kindergarten kannten und einen Büroservice gegründet hatten. Über die Frage der Aufgabenverteilung war ein derartiger Streit entbrannt, dass die eine auf die andere losging. Nur mit Mühe ließen sich die aggressiven Damen auseinanderbringen. Allerdings war es da schon zu spät für eine friedliche Lösung, denn das Porzellan war zerschlagen. Es galt vielmehr, eine geordnete Trennung in die Wege zu leiten. Das gelang mithilfe eines Mediators, eines Streitschlichtungsexperten. Doch nicht nur mit der Zusammenarbeit, sondern auch mit der Freundschaft war es danach für alle Zeiten vorbei.

Schalten auch Sie einen Mediator ein, wenn es nicht weitergeht. Adressen gibt es im Internet. Achten Sie auf gute Ausbildung und Zugehörigkeit zu einem Verband. Auch als Angestellter können Sie Ihren Chef um die Einschaltung eines Mediators bitten. Aber erst in der letzten Eskalationsstufe und wenn alle friedlichen Maßnahmen erfolglos waren: Gespräche zu zweit und ein Gespräch mit dem Chef zum Beispiel.

das überlebenstraining für donnerstag im schnelldurchlauf

- Kennen Sie Ihre eigenen Ego-Ziele? Finden Sie heraus, wie Sie diese in den Kontext des Teams integrieren können – ohne übergeordnete Team-Ziele zu gefährden.
- Schaffen Sie eine Vision für Ihr Team: Menschen brauchen den Polarstern über sich, um etwas Gemeinsames schaffen zu können.
- Führen Sie ein Team-Gesetzbuch mit einigen wenigen klaren Grundgesetzen ein, die für alle gelten. Denken Sie an die einfachen Formulierungen in der Bibel. So was wie »Du sollst den Klodeckel runtermachen« versteht jeder.

- Verteilen Sie die Aufgaben im Team so, dass jeder auch unangenehme Jobs machen muss – und nicht nur die Rosinen picken darf.
- Falls Sie ein Choleriker sind, programmieren Sie sich um. Ohne Ausbrüche erreichen Sie Ihre Ziele leichter. Falls Sie mit einem Choleriker zusammenarbeiten: Frikadellen-Feedback nutzen (siehe Seite 115).
- Streiten Sie lustig los, aber bitte immer persönlich und nachdem die erste Wut verraucht ist.
- Nicht vergessen: Sagen Sie »Ich« und beschimpfen Sie den anderen nicht mit »Duuuu«. Verallgemeinern Sie zudem nicht mit »immer«.

Freitag: Der geht mir echt auf die Nerven!

Superman kann fliegen. Es gibt Kollegen, die halten sich für Superman. Diese Kollegen können alles, wissen alles, haben die meiste Erfahrung und machen alles richtig. Vor allem im Vergleich zu anderen. Und diesen Vergleich bemühen sie oft und gern. Schließlich definiert sich der eigene Wert ja vor allem auch aus den (kleinen) Unterschieden zu anderen. Udo, 46 Jahre alt, hält sich zwar nicht direkt für einen Helden, vergleicht aber sehr gerne. Er regt sich über Kollegen auf, die sich für die Größten halten und freitags entweder bis nachts arbeiten oder schon mittags nach Hause gehen. Am schlimmsten seien jedoch die, die ihm etwas über seine Arbeit erzählen wollen. Die kennt er doch wirklich selbst am besten!

Erfahrungsbericht von Udo

Sehr geehrte Frau Hofert, sehr geehrter Herr Visbal,

wissen Sie, bei uns geht es um Erfolg und Steigerungsraten. Wir müssen unsere Ziele erreichen, 10 Prozent mehr, 20 Prozent, 30 Prozent … Da ist nicht viel Zeit für Teamarbeit. Unsere Geschäftsführung beschwört mehr der Wettkampf- als den Teamgeist. Da werden Kollegen absichtlich gegeneinander ausgespielt, und der Neidsamen wird ganz bewusst auf das Kollegenfeld gestreut.

Mit den anderen Vertriebsmitarbeitern stehe ich auf Kriegsfuß. Wer hat den größten Erfolg oder kann ihn am besten verkaufen?

Der kommt am weitesten. Das ist schon ziemlich anstrengend, sich ständig beweisen zu müssen.

Mich nervt am meisten, dass es nur vordergründig um Leistung, aber in Wahrheit um die große Show geht. Wer ist der Beste von allen? Vor allem die jüngeren Kollegen halten sich für die Größten, wollen Neues einführen und haben dabei doch von Tuten und Blasen keine Ahnung. Dabei hängen sie sich rein, als gäbe es nichts Wichtigeres auf der Welt als ihre Karriere. Sogar freitags arbeiten sie bis nachts. Einer dieser neuen Bürohelden ist Felix. Ich soll mich jetzt plötzlich mit diesem Greenhorn abstimmen, weil ich das Verkaufsgebiet Deutschland, Österreich und Schweiz angeblich auf Dauer nicht schaffe und er mich entlasten soll. Das boykottiere ich, schließlich klappt es in meinem Revier seit 20 Jahren!

So ein Dreikäsehoch mit MBA! Diese Titelwut in der letzten Zeit. Die Geschäftsführung stellt nur noch Leute ein, die mindestens einen Master absolviert haben, am besten im Ausland. Was bringt das, wenn wir in Deutschland arbeiten? Das erschreckt außerdem unsere Kundschaft. Ich bitte Sie, Frau Hofert und Herr Visbal: Unsere Kunden sind Mittelständler, die ihre Unternehmen noch mit ihrer eigenen Hände Arbeit aufgebaut und was Richtiges gelernt haben!

Ich gehe bei unseren Kunden seit Jahren ein und aus. Ich kenne alle, weiß wohin sie in Urlaub fahren, kenne die Kinder und habe von einigen sogar die Privatnummer. Ein Kunde hat mich mal auf seine Yacht eingeladen. Das passiert den anderen Kollegen nicht, erst recht nicht den jüngeren wie Felix, die nur groß daherreden.

Wenn es nur Felix wäre! Es gibt auch noch Peter. Der redet ohne Punkt und Komma. Ich schwitze, wenn er mich anspricht, denn beim Reden kommt er unangenehm nahe ran an mich.

Haben Sie einen Tipp, wie ich meine Kollegen besser ertragen kann?

Hochachtungsvoll, Udo

Das Team

- Udo, Key-Account-Manager, arbeitet seit 20 Jahren im Vertrieb und betreut das Verkaufsgebiet Deutschland, Österreich, Schweiz (DACH).
- Peter, Key-Account-Manager: redet viel und arbeitet wenig – und nervt Udo deshalb kräftig.
- Felix, junger Account-Manager mit MBA: soll sich mit Udo abstimmen, der aus Angst um seine Stellung keine Informationen rausgibt.

Die Situation

Alle halten sich selbst für ziemlich gut und die anderen für schlecht. Keiner bewegt sich. Die Zusammenarbeit ist mehr Kampf als Teamarbeit.

Hintergrund: Die Wahrheit über Superman

Kennen Sie auch diese Typen, die sich einfach für die Größten halten? Regeln gelten für sie nicht, weil sie es sowieso besser wissen. Derartige Selbstüberschätzung geht bescheidenen Zeitgenossen oft mächtig gegen den Strich und kräftig auf den Geist. Allerdings trauen sich viele nicht, dem Superman gegenüber den Mund aufzumachen. Denn sehr oft bringen es die wortbegabten Selbstüberschätzer ziemlich weit. Ihrem überdimensionalen Selbstbewusstsein haben die Normalos nur gepflegte Selbstzweifel entgegenzusetzen. Das führt dazu, dass keiner kontern kann oder will. Und die Selbstüberschätzung noch weiter steigt.

Superman ist überall. Uns überrascht immer wieder, wie viele Galaxien zwischen der Selbst- und Fremdeinschätzung liegen können. Ein kleines Beispiel liefert das Thema »Englisch«. Fast jeder kann es »verhandlungssicher« – aber manche tragen dabei ihre Grammatikschwächen und fehlenden Wortschatz weitaus schamfreier zur Schau als andere. Frei nach dem Motto: »I am pleased to verhandel with you.«

»Selbstüberschätzung« ist für den Erfolg von Teams das wichtigste Thema überhaupt. Der kleine Bruder der Selbstüberschätzung heißt nämlich Egoismus. Er paart sich gern mit geheimen Machtspielen und ergibt dann miese Intrigen. »Egoism, hidden agendas on the part of individual team members« (Egoismus, versteckte Tagesordnungspunkte seitens einzelner Teammitglieder) benennt die Egon-Zehnder-Studie[13] mit Abstand als größtes Team-Problem. Für 57 Prozent der deutschen Entscheider steht dieses Problem ganz oben auf der Team-Störer-Liste. Auch in unserer Teamhasser-Studie steht Selbstüberschätzung weit oben. Dazu gehören das ewige Sich-Profilieren, Schauspielern, Ego-Spiele, Beharren auf Meinungen und mangelnde Kompromissbereitschaft.

Supermänner denken an sich und nicht ans Team. Dabei stützt sie der weitverbreitete Glaube, dass Unternehmen gar nicht wirklich an Teamplayern interessiert sind, sondern in Wahrheit durchsetzungsstarke Egomanen bevorzugen. Ein ehemaliger Konzernmitarbeiter erzählte in einem Kurs der Anonymen Einzelkämpfer, dass ihm sein Chef diese »Tatsache« sogar mit einem Augenzwinkern bestätigt habe. »Teamarbeit ist was für die Personalabteilung«, habe der Chef gesagt. Dort definierten einige Frauen das Prinzip von Friede-Freude-Eierkuchen. Erfolg dagegen werde in der Geschäftsführung gemacht. Hier, bei den Männern, gelte nur das Prinzip »der Stärkere gewinnt«. Tatsächlich finden einige Führungskräfte Konkurrenzkampf wichtig. Und es mag sein, dass ein gewisser

13 A.a.O.

Wettkampfgeist ein Team wirklich erfolgreicher macht. Eine Fußballmannschaft erzielt mehr Tore, wenn auch interner Wettbewerb darüber herrscht, wer im Spiel eingesetzt werden darf. Meint Fußballtrainer Felix Magath, und der muss es wissen.

Im Unterschied zu Unternehmen sind im Sport die Kriterien aber klar: Spielen darf, wer gut und fit ist. Das sind klare und ehrliche Kriterien. Sie stellen auch die Mannschaftsleistung nicht infrage. Aus dem Wettkampf wird jedoch Krampf, wenn Unklarheit herrscht. Eindeutige Kriterien zu schaffen, ist Sache der Führungskräfte, die diesen Job meist leider nicht sehr ernst nehmen.

der aggressive superman

So wuchert der Glaube, Unternehmen wollten nur deshalb Teamplayer, um ihre Ruhe zu haben und weniger karriereinteressierte Menschen in Ketten zu legen und als Sklaven für die Erfolgreichen zu nutzen. Sklaven, die nicht merken, dass sie Sklaven sind. Derweil steigen die Mitarbeiter auf, die rücksichtslos ihre Ziele durchpeitschten. Das sind die aggressiven Supermänner, die ohne Rücksicht auf Verluste ihr Ding durchziehen. Leider sind derzeitige Motivationsstrategien darauf ausgerichtet, solche Thesen eher zu stützen als zu widerlegen. In den Firmen werden immer noch weit überwiegend Einzelergebnisse bewertet und noch selten Teamleistungen. Anders als im Sport: Hier zählen Mannschafts- UND Einzelleistung. Erst langsam steuern Unternehmen dagegen, indem sie Teambewertungen einführen, die die Leistung der Gruppe bewerten.

Vor diesem Hintergrund kann es passieren, dass sozial minderbegabte Menschen Karriere machen können. In einem Seminar hatten wir so ein Exemplar. Der Mann, ein Senior-Berater, kam zu spät und stellte als Erstes seinen Laptop vor sich auf. Selbstverständlich ein MacBook. Unsere Aufforderung, den Laptop bitte wegzuräumen, ignorierte er, ein Rauswurf war aufgrund seiner Position nicht ratsam für uns. Den ganzen Kurs über artikulierte er laut, ihn würde der ganze »Teamquatsch« nicht interessieren – weil er das nicht nötig habe. »Ich weiß, wie ich mit meinen Leuten umzugehen habe«, war er überzeugt und belehrte die anderen Teilnehmer. »Ich führe sie wie eine Truppe, und das ist gut so.« Das genervte Blinzeln der anderen und selbst offenes Feedback kam bei ihm erst am Ende des Tages etwas an. Da kamen erste Zweifel, sehr leise allerdings und nur im Dialog mit den Trainern geäußert.

der charmante superman

Manche Selbstüberschätzer bleiben unentdeckt. Dies betrifft vor allem jenen Typus, der es schafft, andere mit seinem charmanten Wesen einzulullen. Auf die anderen wirken sie zwar wie Superman, aber nicht wie Großkotz. Sie sind bewundernswert souverän, scheinen sich für andere zu interessieren und geben sich eloquent. Gekonnt reden sie sich durch die Welt und schaffen es so, fast alle in ihr zielorientiertes Boot zu holen. Dabei bleibt es immer ihr Boot, denn es ist keinesfalls ein gemeinsames. Der charmante Selbstüberschätzer lässt andere mitfahren, so lange sie ihm nützen. Wenn sie ihm dagegen keine Vorteile mehr bringen, ignoriert er sie und zeigt die kalte Schulter. Der Manager eines Versicherungskonzerns verkörperte diesen Typus. Er kam täglich in alle Büros und war freundlich zu allen, von denen er etwas wollte.

Aber er antwortete nie auf E-Mails und Anfragen, wenn diese mit seinen eigenen Zielen nichts zu tun hatten. Ich mache nur das, was mir direkt nützt, war sein klares Motto.

Die Leistung solcher Menschen ist sehr schwer zu erfassen, denn Selbstdarstellung und Erfolg sind wie ein Strickmuster miteinander verwoben.

Überlebensstrategien

Dass Erfolge relativ zum Selbstbewusstsein sind, ist offensichtlich. Es gibt Persönlichkeiten, die schreiben sich das Wachstum eines Unternehmens sofort und ohne Zweifel an sich selbst auf die eigene »Track Record«. Andere sind da sehr viel vorsichtiger. »Dafür war ich ja nicht allein verantwortlich«, sagen diese sich oft selbst unterschätzenden Kollegen. Der wichtigste Tipp im Umgang mit einem Selbstüberschätzer lautet also: Bieten Sie ihm oder ihr Paroli, verkaufen Sie sich genauso. Ja: Übertreiben Sie Ihre eigenen Erfolge. Es könnte passieren, dass Sie plötzlich mit ganz anderen Augen wahrgenommen werden: Als einer, der dazugehört.

Wenn Sie keine Lust haben, in den illustren Kreis der Übertreiber aufgenommen zu werden (oder die Selbstüberschätzer allzu nervig sind), hebeln Sie sie mit Ihren Waffen aus. Zum Beispiel mit Zahlen, Daten und Fakten. Weisen Sie nach, dass eine Aussage so nicht stimmt oder die Zahl »geschönt« ist. Bleiben Sie dabei freundlich und zugewandt. Sie machen sich damit vielleicht beim Superman nicht gerade beliebt, werden aber neue Freunde gewinnen. Möglicherweise direkt beim Führungspersonal.

Jetzt aber geht es los mit Udo. Erfahren Sie mit Udo am Freitag...

- ... ob Sie auch ein Super-Menschenkenner sind.
- Was Sie eigentlich wirklich stört.
- Warum Sie den Feind fragen sollten.
- Warum Frikadellen-Kritik besser ist als das übliche Sandwich.
- Wie Sie Labertaschen zum Schweigen bringen.
- ... und sie auf Abstand halten.

sind sie auch ein super-menschenkenner?

Udo sagt: Arrogante Typen wie Felix gehen mir auf den Geist! Die halten sich mit ihrem MBA für was Besseres.

Denken wir alle nicht ein bisschen wie Udo? Wer etwas hat, was uns fehlt, wird in die Arroganz-Schublade gesteckt. Felix fehlt vermutlich die Berufserfahrung. Deshalb hält er seinerseits Udo für arrogant. Der wiederum würde das nie von sich glauben! Die meisten Arroganten sehen sich selbst als schüchtern, ruhig oder zurückhaltend an. Einige nennen sich selbstbewusst und souverän. Kurzum: Arroganz ist ein Schmelztiegel für alles und nichts. Es ist also einigermaßen gewagt, von anderen zu behaupten, sie seien arrogant. Es könnte sein, dass Sie es selbst sind.

Udo kontert: Das glaube ich nicht. Ich bin ein Super-Menschenkenner!

Einmal sah ein Mitarbeiter den »Neuen« auf dem Flur, nachdem dieser seinen Arbeitsvertrag unterzeichnet hatte. »Ein Spießer, wie der aussieht mit seiner beigen Hose und dem geschmacklosen Karohemd. Der hat bestimmt ein Reihenhaus«, dachte der Mitarbeiter und trug das weiter an seine Kollegen. Die erwarteten einen Spießer und bekamen ihn auch – obwohl der »Neue« eigentlich überhaupt nicht das verkörperte, was gemeinhin unter spießig verstanden wird.

»Menschenkenner« sehen jemanden und denken, so oder so ist der. Aber: Muss er nicht so sein, weil sie das gedacht haben? Ist nicht vieles, was dem ersten Eindruck folgt, eine sich selbst erfüllende Prophezeiung? Sucht man nicht geradezu nach Bestätigung? Wenn ich erwarte, dass mein Gegenüber arrogant (in meinem Sinn) ist, dann werde ich weiteres Verhalten in diesem Sinn interpretieren.

Die Arroganz frisch Diplomierter

Nebenbei spiegeln Sie eigene Blickwinkel in den anderen. Bei der Zuschreibung von »akademischer Arroganz« sind diese sich selbst erfüllenden Vorhersagen offensichtlich. Der Nicht-Akademiker sieht, dass die jungen Angestellten inzwischen alle Diplome oder Uni-Abschlüsse mitbringen. Er selbst hat aber beispielsweise »nur« einen Abschluss als »IHK-Betriebswirt«. Das nimmt er schon bei sich selbst als »minderwertig« wahr, vielleicht weil er blöde Bemerkungen darüber gewohnt ist. Jeder Blick und jeder Satz rührt fortan an den »wunden« Punkt und verstärkt diesen Eindruck. Würde der IHK-Betriebswirt aber souverän mit seinem Abschluss umgehen und den eigenen Wert nicht anzweifeln, gäbe es ein Konfliktfeld weniger.

Auf der anderen Seite stehen die frisch diplomierten Durchstarter, denen die ganze Welt einbläute, wie wichtig Abschlüsse sind. Haben diese wenig Lebenserfahrung, nehmen sie den anderen vielleicht wirklich als »minderwertig« wahr. Erst recht geschieht das, wenn der andere sie darin bestätigt. »Du mit deinem Master-Abschluss« oder »beweis erst mal, dass du arbeiten kannst« – mit aggressiven Sprüchen verstärkt sich der Gegensatz. Möglich, dass der frisch Diplomierte sich damit erst recht auf seinen MBA zurückzieht. Allein, weil er glaubt, der geballten Praxiserfahrung des Älteren etwas entgegensetzen zu müssen.

was stört sie eigentlich wirklich?

Udo fragt: Wie soll ich mich denn gegenüber Felix verhalten?

Wir kennen zwei einfache Regeln im Umgang mit arroganten Typen, die denken, sie wären Superman. Die erste lautet: Erkennen Sie Ihren eigenen Wert. Die langjährige Praxiserfahrung, die guten Kundenkontakte, die umfangreiche Branchenerfahrung – es wird genug geben auf Ihrer Haben-Seite. Finden Sie den eigenen Wert, ohne den anderen abzuwerten.

Das ist die zweite Regel: Begegnen Sie dem anderen grundsätzlich mit einer positiven Haltung. Ganz egal, welche »arrogante Aura« Sie bei jemandem wie Felix zu erkennen glauben. Geben Sie dem »Schnösel« etwas von Ihrer Erfahrung ab, anstatt Ihr Wissen zu horten. Fragen Sie nach Ideen, Vorschlägen und bügeln Sie nicht alles als Unsinn ab. Zeigen Sie sich interessiert. Fragen Sie mal nach dem Masterarbeitsthema oder Erfahrungen in der Team- und Projektarbeit. Sie werden sehen, wie sich das Arbeitsklima aufhellt und sich mehr Schönwetterzonen auftun.

Fragen Sie sich zudem, was Sie eigentlich an dem anderen WIRKLICH stört. Manchmal sind die Gründe weit hinten im Bewusstsein versteckt. Zugeben fällt schwer.

Stört mich:	Warum (eigentlich)?	Was kann ich tun?
Typen wie Felix werden gefördert.	Ich bin neidisch.	Ich könnte das ruhig mal offen sagen: »Ehrlich gesagt, ich beneide dich um dein Studium. Heute hätte ich mich auch dafür entschieden.«
Felix weiß alles besser.	Er scheint mich nicht anzuerkennen – oder liegt es daran, dass ich mich selbst nicht anerkenne?	Meine eigene Besserwisser Ader beobachten. Gegensteuern. Felix fragen.

Udo sagt: Ich bin nicht überheblich, ich bin manchmal nur unsicher, wie ich mich verhalten soll!

Das sehen die anderen ja nicht. Ihre Unsicherheit kann wie Ablehnung erscheinen, das Nicht-Nachfragen wie Desinteresse. Was genau in Ihrem Verhalten gesehen wird, wissen Sie nie. Die meisten Menschen machen den Fehler, eigenes Empfinden auf andere zu übertragen – und betrachten das als Empathie. Wahre Empathie ist aber auch das Überprüfen der eigenen Wahrnehmung und das Hinterfragen von Überzeugungen. Um dies leisten zu können, ist es (wieder einmal) wichtig, sich selbst zu kennen.

Wenn Sie selbst empfindlich auf Kritik reagieren, glauben Sie kaum, dass der andere einen souveränen Umgang mit Kritik pflegt. Genau das aber kann der Fall sein. Wer sich darüber im Klaren ist, sieht die eigene Selbsteinschätzung in einem anderen Licht.

fragen sie mal den feind!

Udo: Mich würde mal interessieren, wie die anderen mich sehen.

»Sagen Sie mal: Wir wirke ich eigentlich auf Sie?« Diese Frage hören wir besonders häufig von Männern, die im Beruf erfolgreich sind. Viele wissen gar nicht, wie Sie bei anderen ankommen! Sie fragen aber auch nicht, weil Sie sich damit eine Blöße geben.

»Normale« Ratgeber empfehlen beim Stichwort Selbst- und Fremdbild, Freunde und Kollegen zu befragen, um sich selbst besser einschätzen und Stärken erkennen zu können. Das ist schön und gut, aber wenig effektiv. Wir haben zahlreiche Ergebnisse solcher Selbstbefragungen gesehen: Unbrauchbar! »Du bist ein so warmherziger Mensch« oder »Du könntest selbstbewusster sein« steht dann auf solchen Zetteln. Damit können Sie nichts anfangen. Es ist immer Honig, denn Freunde und »gute« Kollegen kritisieren bestenfalls sanft. Es kann sein, dass das nicht mal was mit Feigheit zu tun hat, sondern einfach damit, dass Freunde und Bekannte einen auch wirklich so sehen. Viel wertvoller ist eine Befragung Ihrer »Feinde«, vor allem der Feinde im Job.

Udo hat von uns die Aufgabe bekommen, in seinem Kollegenkreis nachzufragen. Von seinen Kollegen wollte er wissen, wie sie ihn einschätzen. Damit sich auch jeder traut, etwas zu sagen, sollten die Kollegen ihre Einschätzungen anonym geben.

Drei Personen (A, B und C) haben geantwortet. Das ist das Ergebnis:

Udos Selbst- und Fremdbild	
So sehe ich mich	**Das erkennen andere darin**
Ich habe sehr gute Kundenbeziehungen.	A: Udo schaut mehr auf Beziehungen als aufs Geschäft.
	B: Udo setzt falsche Prioritäten bei den »alten« Kunden.
	C: Udo stellt die Kundenbeziehung über die geschäftliche Entwicklung.
Ich habe sehr viel Erfahrung und weiß, was richtig ist.	A: Udo stellt sich gegen notwendige Veränderungen.
	B: Udo ist ein Besserwisser, der nicht auf andere hört.
	C: Udo schätzt es nicht, wenn andere ihre Meinung sagen.

frikadellen-kritik statt sandwich

Als Nächstes soll Udo direkt mit Felix sprechen, also den Feind befragen.

Udo ist entsetzt: Wie bitte? Ich soll Superman fragen, was er von mir hält?

Genau! Sagen Sie explizit, dass Sie kein Interesse an weichgespülter Kritik nach dem üblichen Sandwich-Kritik-Muster (erst loben, dann sanft kritisieren, am Ende positiven Ausblick geben) haben, sondern die Frikadellen-Kritik bevorzugen: ungeschönt und ehrlich. Das müssen Sie natürlich aushalten können, denn es wird Menschen geben, die das wörtlich nehmen. Lassen Sie es uns mal im Rollenspiel ausprobieren.

In der folgenden Übung spielt Udo sich selbst und ein anderer Anonymer Einzelkämpfer ist der »MBA«.

Udo: Sollen wir heute mal zusammen Mittag essen gehen?
MBA-Kollege (Seminarteilnehmer): (guckt ihn an wie ein Auto): Hm, ja.
Udo: Ich möchte mich mit dir über unsere Zusammenarbeit unterhalten.
MBA-Seminarteilnehmer: Okay, wohin gehen wir…?
Im Restaurant sagt Udo: Lass uns Tacheles reden. Wir kommen nicht klar miteinander. Das liegt sicher auch an mir. Bitte sage mir einmal ganz ehrlich, wie du mich siehst.
MBA-Seminarteilnehmer: Hm …
Udo: Sag ruhig.
MBA-Seminarteilnehmer: Wenn du mich so direkt fragst: Ich denke, dass du ein arroganter Schnösel bist, der sich für etwas Besseres hält. Meine Erfahrung aus dem Studium hältst du für wertlos und denkst, ich bin unfähig. Außerdem bootest du mich zielgerichtet aus.

Das Ergebnis ist für Udo überraschend. Felix findet, dass er ihn für unfähig hält – nicht etwa umgekehrt. Plötzlich leuchtet ihm auch ein, warum: Felix hat lange nach einem Einstiegsjob gesucht. Er weiß, dass er sich bewähren muss, und hat ein größeres Risiko, gefeuert zu werden, da er ja noch in der Probezeit steckt. Dadurch sieht Udo die Situation mit anderen Augen.

Die Frikadellen-Kritik wenden Sie aber bitte nicht in interkulturellen Teams an und besser auch nicht bei sehr empfindlichen Zeitgenossen. Wir Deutschen gelten ohnehin schon als vergleichsweise direkt und offen. Das hat viele Vorteile, ist aber nicht unbedingt international kompatibel. Und verinnerlichen Sie bitte die allerwichtigste Regel: Frikadellen-Kritik muss angekündigt werden. Sagen Sie: »Ich schieße jetzt los, bist du bereit?« Keine Überfälle mit Fleischklößen außerhalb von Kindergeburtstagen!

Übrigens: Eine Form des Frikadellen-Feedbacks ist das lustige Feedback: Sie machen einen Scherz wie »Im Vergleich zu deinem Redetempo laufen Antilopen wie Schnecken« oder, wenn jemand gerade sehr wütend reagiert: »Eine schöne Gesichtsfarbe hast du.« Probieren Sie es aus!

Der »normale« Feedback-Burger

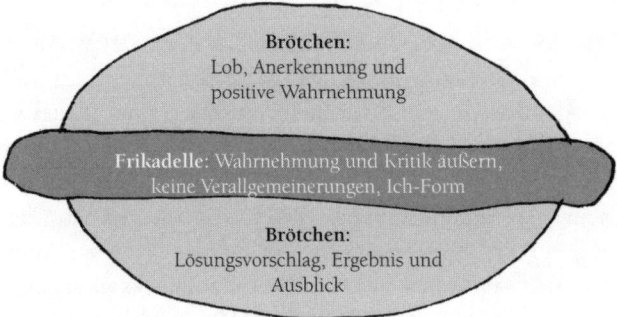

Brötchen:
Lob, Anerkennung und
positive Wahrnehmung

Frikadelle: Wahrnehmung und Kritik äußern,
keine Verallgemeinerungen, Ich-Form

Brötchen:
Lösungsvorschlag, Ergebnis und
Ausblick

Das radikale Frikadellen-Feedback

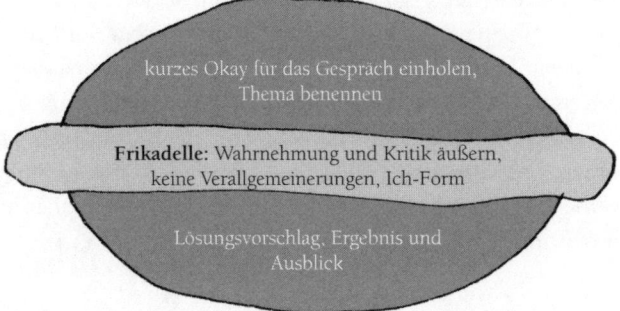

kurzes Okay für das Gespräch einholen,
Thema benennen

Frikadelle: Wahrnehmung und Kritik äußern,
keine Verallgemeinerungen, Ich-Form

Lösungsvorschlag, Ergebnis und
Ausblick

labertaschen zum schweigen bringen

Das »Problem« Felix oder »der Superman« ist damit (fast) gelöst. Bleibt die Labertasche Peter.

Udo: Wenn ich mit meinem viel redenden Kollegen Peter auch so ein Gespräch führen würde wie gestern mit Felix, käme ich nicht zu Wort …

Vielredner sind ein großes Problem – für die anderen. Als wir neulich mit der Bahn fuhren, beobachteten wir, wie ein Mann mit Aktentasche, mutmaßlicher Vertriebler, ohne Unterbrechung auf seinen Kollegen einredete. Der hatte sich mit dem ganzen Körper abgewandt und sagte nur noch »hm« und »ja«. Wenn die gesamte Textmenge 100 Prozent betragen hat, redete der Laberkopf 99,5 Prozent und der andere 0,5 Prozent, wobei das Reden sich auf wenige Laute beschränkte. So müssen Udo und seine Kollegen sich fühlen, wenn Peter anwesend ist. Sie kommen einfach nicht zu Wort.

Vielredner merken nicht, was sie den anderen antun. Denn: Sie bekommen keinerlei Kritik. Da die anderen den Redeschwall über sich ergehen lassen, fühlen sie sich laufend in ihrem Verhalten bestätigt. Es handelt sich deshalb um einen ähnlichen Teufelskreis wie bei den arroganten Supermännern. Der eine redet, der andere hört zu. Weil er zuhört, fühlt sich der andere bestätigt. Dass die anderen den Redeschwall nur schwitzend ertragen, dass sie sich abwenden, immer stiller werden … alles eine stille Bestätigung für den Vielredner. Es fordert ihn geradezu zum Weitermachen auf.

Der Teufelskreis bei Vielrednerei

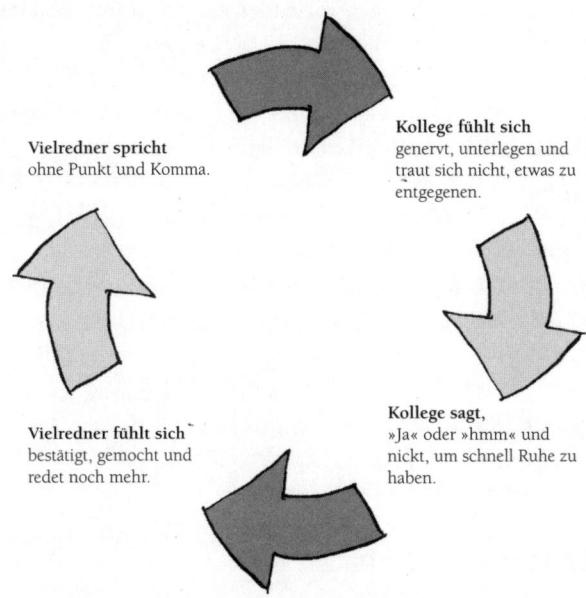

Vielredner spricht
ohne Punkt und Komma.

Kollege fühlt sich
genervt, unterlegen und
traut sich nicht, etwas zu
entgegenen.

Kollege sagt,
»Ja« oder »hmm« und
nickt, um schnell Ruhe zu
haben.

Vielredner fühlt sich
bestätigt, gemocht und
redet noch mehr.

Unterbrechen Sie den Redner und den Teufelskreis! Dazu
geizen Sie mit Blickkontakt. Fassen Sie den Gesprächsinhalt
zusammen oder sagen Sie deutlich, dass es keinen gibt. Führen
Sie das Gespräch immer wieder auf den Punkt zurück. Vergessen Sie in solchen Fällen die üblichen Höflichkeitsregeln. Die
meisten Vielredner sind unempfindlich und dankbar für Kritik, auch in Frikadellen-Form. Wären sie sensibel, würden
sie nämlich merken, wie andere sich abwenden, den Blick
senken, sich in die Ecke gedrängt fühlen.

Leider ist der Typus Vielredner sehr verbreitet und wird von
Unternehmen besonders gern für Verkaufsjobs ausgewählt.

Der Grund ist, dass die fehlende Sensibilität bei einem bestimmten Verkaufsstil hilft, der ohne Frage in Banken sehr verbreitet ist. Vielredner-Verkäufer ziehen ihren »Arbeitsauftrag« durch, zum Beispiel die Präsentation langweiliger Finanz- und Versicherungsprodukte. Erst ein überdeutliches »Nein«, laut und möglicherweise verbunden mit Aufstehen (falls das Zulabern im Sitzen erfolgte), kann sie stoppen.

Am nächsten Tag berichtet Udo: Ich habe es ihm deutlich gesagt. Ich bin ganz nahe an ihn herangetreten und habe fast gebrüllt. »Ich fühle mich von deinem Reden bedrängt, mir ist das unangenehm. Merkst du das?« Da war Peter wirklich mal still. Den ganzen Tag hat er viel weniger geredet als sonst. Abends ist er auf die Vertriebsinnendienstlerinnen zugetreten und hat sie gefragt, ob sie sich auch an seinem Reden stören. Die drucksten herum, aber eine hat dann gesagt: »Ehrlich gesagt, ja.«

... und auf abstand halten

Menschen wie Udos Kollege Peter merken nicht, wenn Sie anderen auf die Pelle rücken. Normalerweise ist Körpersprache, etwa das Abwenden, ein eindeutiges Signal dafür, wie sich jemand fühlt. Peter ist ein näheorientierter Mensch. Er kommt seinen Kollegen körperlich nahe, was sich für distanzorientierte Menschen bedrohlich anfühlt. Udo als Distanzler sollte Peter einmal näher kommen. Indem er ranrückt, tut er einiges für eine bessere Verständigung. Plötzlich »hört« Peter ihn.

Wenn Menschen natürliche Distanzen überschreiten, führt dies zu Unwohlsein. Die intime Distanz von Paaren beträgt weniger als 60 cm, die persönliche Distanz, etwa unter Kollegen 60 bis 120 cm. Näheorientierte Menschen bleiben oft dicht an den 60 Zentimetern, distanzorientierte überschreiten 1,20 Meter mitunter. Der jeweils anders gepolte Gesprächspartner empfindet dieses Ausschöpfen der maximalen Nähe oder Distanz als Zeichen von Ablehnung oder Zudringlichkeit.

Peter reagiert auf das distanzierte Verhalten von Udo mit Reden – er kommt also noch näher. Udo wendet sich ab (geht also noch weiter weg). Deshalb kommt Peter noch näher ran – ein Teufelskreis. Durchbrechen lässt er sich, indem Sie bewusst einen Schritt in die Richtung gehen, die Sie intuitiv nicht wählen würden.

So bin ich	Das tue ich, um besser klarzukommen
Ich bin distanziert.	Ich gehe auf andere zu, komme ihm/ihr nahe.
Ich suche Nähe.	Ich bewege mich einen Schritt weg, lasse »los«.

noch mal zum mitschreiben

- Sind Sie nicht selbst ein bisschen Udo? Fragen Sie sich, wie Sie auf andere wirken, bevor Sie diese als »arrogant« abstempeln.
- Sagen Sie zur Abwechslung mal, was Sie wirklich denken. Drücken Sie auch den unangenehmen Kerlen Bewunderung aus.
- Freunde befragen kann jeder. Versuchen Sie stattdessen mal herauszubekommen, was Ihre Feinde über Sie denken.
- Sanfte Rücksichtnahme im üblichen Sandwichstil kommt

bei einigen gar nicht an. Manche Kollegen brauchen ein ungeschöntes Frikadellen-Feedback.

- Durchbrechen Sie Teufelskreise und gehen Sie mal in eine ungewohnte Richtung. Als Distanzmensch nah ran, und als Nähemensch weit weg.

Das ist ja ganz schön privat hier!

Es ist Samstag. Die Woche mit Kollegen haben alle überlebt. Aber wo bleibt der Spaß? Das fragten uns die Anonymen Einzelkämpfer nach einer Woche im Trainingscamp. Anführer der Aktion war, natürlich, Spaßvogel Uli. Kollegen überleben sei schließlich ganz schön anstrengend. Da heißt es lavieren, Worte balancieren und immer schön auf die anderen eingehen. Wir überlegten. Was ist ein passendes Event für unsere Anonymen Einzelkämpfer? Was bringt Spaß, Freude und Humor für alle? Segeln? Nicht schon wieder! Wie viele Abteilungen waren schon auf hoher See ein Super-Team und sind dann am ganz normalen Alltag gescheitert ...

Wir entschieden uns für Nudeln. Gemeinsam Nudeln machen, essen und entspannen. Doch bevor wir mit den Nudeln starten, schauen wir uns einfach noch mal die Risiken und Nebenwirkungen des privaten Beisammenseins beruflicher Teams an.

Hintergrund: Risiken und Nebenwirkungen von Privatsachen

Sie hören die Kollegen lachen? Das ist ein gutes Zeichen. Spaß ist das Geheimrezept gegen Teamstress. Da waren sich unsere Interviewpartner einig. Doch das Thema wirft auch neue Fragen auf. Wie privat darf oder muss ich sein, wenn ich mit Kollegen zusammen bin? Wo ziehe ich die Grenze zwischen Privat- und Berufsleben? Denn die richtige Dosierung zu finden ist schwer. Entweder die Kollegen wissen zu viel oder zu wenig.

Wer nichts erzählt, gilt bald als sozialer Loser, Unsympath oder Arroganzbolzen. Wer dagegen zu viel ausplaudert, den stempeln Kollegen schnell als Klatschtante oder -onkel ab. Wobei dies für Frauen ein weit größeres Karriererisiko darstellt als für Männer, denn Klatschtanten werden niemals befördert, Klatschonkel in den Außendienst …

Viel reden …

Wenn Sie Intimitäten verraten, machen Sie sich angreifbar. Das ist etwas anderes als im Freundeskreis. Wenn es in Ihrem Freundeskreis kracht und eine Person Schlechtes über Sie berichtet, können Sie dieser Person künftig einfach aus dem Weg gehen. Im Job geht das nicht. Außerdem ist der Grad der Verbundenheit niedriger und der Konkurrenzdruck höher. Deshalb droht bei zu viel Privatheit sogar Mobbing.

Eine Mitarbeiterin hatte schon vom ersten Tag an viel zu viel über ihr Privatleben ausgepackt. Die Kollegen waren über Scheidung, Schulprobleme der Kinder und die finanzielle Lage bestens informiert – ein Wissen, das der Vorgesetzte ausnutzte, als er die Mitarbeiterin loswerden wollte. An der »schlechten« Leistung war auf einmal die private Situation schuld. Dafür habe man ja Verständnis, aber letztendlich gehe es um Ergebnisse. Und die sehe er, der Vorgesetzte nun wirklich nicht. Ob es eine schlechte Leistung gab oder hier der Placeboeffekt (»Es geht ihr nicht gut, also kann die Arbeit nur schlecht sein«) wirkte – niemand weiß es genau.

Das Tratschen wird von manchen Führungskräften bewusst eingesetzt, um Nachrichten in den unterschiedlichen Teams zu streuen. So war eine Vorstandssekretärin nur zu diesem Zweck beschäftigt: als anerkannte »Klatschtante«

Nachrichten – zum Beispiel über die Alkoholprobleme eines unliebsamen Vertriebsleiters – in der Kantine und in den Abteilungen zu streuen. Dass die Dame dabei vom Vorstand instrumentalisiert wurde, kam ihr selbst nicht in den Sinn. Und wenn – es hätte sie möglicherweise nicht mal gestört.

... oder zu wenig?

Wir sind uns da sicher einig: Zu viel ist nicht gut. Wer dagegen zu wenig erzählt, hat es auch nicht leicht. Er oder sie wird schnell zum Außenseiter im Team. Die Kollegen beginnen, sich als Fantasy-Dichter zu betätigen. Da hat man etwas »Bestimmtes« gehört oder schließt von der Tatsache, dass einmal ein weibliches Wesen vor dem Werktor stand, auf eine unglückliche Liebe oder sonstige Dramen. Je nach Beliebtheitsgrad und ausgestrahlter Souveränität wird der stille Mitarbeiter da zum tragischen oder komischen Helden. Allerdings ist hier auch die sehr unterschiedliche Unternehmenskultur entscheidend. Es gibt »Kuschelteams«, die seit Jahren zusammenarbeiten und sehr eng miteinander sind. Job und Privatleben verfließen hier. Kollegen gehören zum Freundeskreis. In so einem Umfeld ist der Distanztyp, der wenig Privates lüftet, fehl am Platz. Nur mit viel Toleranz auf beiden Seiten kann das klappen – und mit einer Aussprache. So sagte ein Buchhalter, der in einer Agentur einen Job fand: »Ich bin einfach der sachliche Typ und hab nicht so viel zu erzählen. Ich bin seit 10 Jahren verheiratet und gehe selten raus.« Das fanden die anderen irgendwie auch ganz sympathisch. Schließlich fand man mit »Sport« auch ein Gesprächsthema für die Mittagspause. Ansonsten gewöhnten sich die Kollegen daran, dass der Buchhalter still dasaß, ab und zu über rote Zahlen schimpfte und ansonsten fleißig arbeitete.

Der Chamäleon-Effekt

Die Privatheit im Team kann noch ganz andere Auswüchse haben und zu einer völligen Anpassung an Gruppenregeln führen. So verstellte sich die Mitarbeiterin einer auf Banken spezialisierten Unternehmensberatung über Jahre so sehr, dass sie sich dem Habitus des Teams anpasste. Der Grund: Die Geisteswissenschaftlerin konnte mit den anderen, meist betriebswirtschaftlich geprägten Kollegen nicht über das reden, was sie persönlich interessierte oder dachte das zumindest. Deshalb redete sie nur noch über Themen, die die anderen begeisterten: Uhren, Klamotten und Aktien. Das dauernde So-tun-als-ob und immerwährende Auf-der-Hut-Sein führte schließlich dazu, dass sie an Burn-out erkrankte. Dahinter steckt der Chamäleon-Effekt.

Zu starke Anpassung an das Team kann dazu führen, dass Menschen das Gespür für eigene Stärken, Wünsche und das »Ich« verlieren. Es passiert besonders häufig da, wo viel Nähe und Identifikation mit einer »Sache« herrscht – in Unternehmensberatungen, Werbeagenturen, gemeinnützigen Vereinigungen oder auch im sozialen Bereich. Oft ist dieser Effekt von der Führung so gewollt, denn so macht man aus Einzelpersonen eine Mannschaft. Das Individuum bleibt allerdings auf der Strecke. Das ist auch nicht gut für das Team, das von gegensätzlichen Tendenzen lebt – aber sicher nicht von Gleichmacherei.

Liebe im Team

Liebschaften streuen explosives Potenzial in Teams. Wer mit wem? Klassiker ist die Sekretärin, die sich mit dem Manager verbandelt und plötzlich ungerechterweise befördert wird. Der normale Angestellte vermutet aufgrund solcher Geschichten, die jeder kennt, dass die Führungskraft den oder die Geliebte sowieso immer bevorzugt.

Doch manchmal ist auch das Gegenteil der Fall. Die Kontakterin einer Werbeagentur war mit dem Geschäftsführer liiert. Doch anstatt die junge Mitarbeiterin zu fördern, musste der Manager dem Kollegenteam immer wieder beweisen, dass er die Mitarbeiterin keinesfalls bevorzugte. Stattdessen benachteiligte er die begabte Frau, deren Talent dadurch vertrocknete wie ein ungegossenes Pflänzchen. Ihr Freund ließ sie nicht mehr zu wichtigen Kunden und hielt sie auch sonst beruflich absichtlich auf Distanz.

Privates ist aber nicht nur eine Falle, sondern auch Chance. Der Manager eines Medienunternehmens war durch seine knallharte Art bei den Mitarbeitern gefürchtet und für seine klaren Entscheidungen respektiert. Eines Tages holte seine Frau ihn mit den zwei Kindern ab. Die ganze Belegschaft war erstaunt. Ist er DOCH ein Mensch? Ja, so nett wie er mit seiner Familie umging, konnte er unmöglich nur »böse« sein. Seitdem hatten die Mitarbeiter ein anderes, positiveres Bild – egal, wie kühl er sich im Job gab.

Überlebensstrategien

Das Beste wäre es, nur mit Bekannten und Freunden zusammenzuarbeiten. Hahnenkämpfe und Profilierungsgehabe tauchen dann viel seltener auf. Wir machen das so: Mitarbeiter werden aus dem Bekanntenkreis rekrutiert und das Netzwerk besteht aus Menschen, die wir länger kennen.

Als Selbstständiger können Sie so wählerisch sein. Und als Angestellter könnten Sie nach Stellen Ausschau halten, die Freunde zu vergeben haben. Natürlich klappt das Jobfinden im Bekanntenkreis nicht immer. Halten Sie sich dann an die wichtigste Faustregel, die lautet: Immer ein paar Geheimnisse bewahren. Kollegen müssen und sollen nicht alles wissen.

Wir sind fasziniert von den Abgründen der Stars und Sternchen. Sie machen sie menschlich, aber entzaubern sie zugleich. Die ganze Boulevardpresse basiert auf solcher »Entzauberung«. Auch wenn Sie als normaler Angestellter erst mal nicht in der Bild-Zeitung landen werden, so gelten doch auch hier ähnliche Regeln: Zu viel Wissen über das Privatleben liefert Angriffsfläche. Und da Kollegen eben Kollegen und keine Freunde sind, wird jemand mit viel Angriffsfläche bei jeder Gelegenheit attackiert.

Ein bisschen Privates macht Sie dagegen sympathisch und interessant. Der Medienmanager, der von seiner Frau und den Kindern abgeholt wird, zeigt damit seine menschliche Seite. Sein Geheimnis bleibt (vielleicht), dass der Sohn ADHS hat oder die Frau mit Trennung droht. Kurzum: Allgemeine Informationen: Ja. Konkrete: Nein. Fragen Sie sich immer, ob das, was Sie erzählen, wirklich jeder wissen muss. Wenn ja, raus damit. Wenn nicht: Stopp.

- Lesen Sie am Samstag:
  - Warum Sie den Wein besser den Blumen spendieren sollten.
  - Warum Sie sagen sollten, ob Sie gerade Chef oder Freund sind.
  - Warum Sie mal über sich selbst lachen sollten.

spendieren sie den blumen ein glas wein

Udo übernimmt beim Nudelnmachen sozusagen intuitiv die Rolle des Lehrmeisters und erklärt am Tisch sitzend (während die ande-

ren arbeiten), was eine echte italienische Nudel von einer deutschen unterscheidet. Dabei hebt er sein Glas und sagt: »Richtig Spaß macht Teamarbeit, wenn wir abends alle zusammen einen bechern!«

Auf die Nagelprobe wird Ihre »Ich bewahre ein kleines Geheimnis«-Taktik auf Betriebsfeiern, Seminaren mit Übernachtung oder auf Geschäftsreisen gestellt. Abends an der Theke werden Karrieren gemacht, aber auch zerstört. Das hat viel mit der Menge Alkohol zu tun, die in die Gläser und Kehlen fließt. Wein und Bier machen Menschen zutraulich wie junge Hunde, und lösen die Balance zwischen Business und Privat zugunsten des Privaten in den Prozenten auf. Mit bösem Erwachen am nächsten Morgen oder dem fatalen Irrglauben, dass die neuen Duzfreunde auch im Büro noch so nett und privat sind. Sind Sie nicht. Viele erinnern sich nicht mal mehr, dass Sie Ihnen je das Du angeboten haben.

Andrerseits ist es nicht sehr höflich, mit Mineralwasser beim netten Beisammensein aufzutrumpfen. Da lüften wir doch gleich das Geheimrezept viel reisender Geschäftsleute: Maximal ein halbes Glas Wein und den hochprozentigen Rest, den freundliche Chefs und Kollegen Ihnen in Form von Alkohol anbieten, lassen Sie einfach in der Blumenerde verschwinden. Freuen Sie sich über die privaten Einblicke, die Ihnen die Kollegen, die dieses Buch nicht gelesen haben, dann so geben. Aber behalten Sie Ihr kleines Geheimnis für sich.

Udo sagt: »Hm, da ist ja was Wahres dran. Beim nächsten Kollegentreffen denke ich dran. Aber jetzt stoßen wir erst mal an.«

sagen sie, ob sie gerade chef oder freund sind

Bea, die die Nudeln rollt, hat auch eine Frage: »Ich kann privat und beruflich schwer trennen. Ich bin mit einer Mitarbeiterin befreundet und das finde ich alles sehr kompliziert. Sie erwartet, dass ich sie BESSER behandele als die anderen.«

Manche Kollegen werden zum anderen Menschen, wenn sie befördert werden. Plötzlich behandeln sie Freunde wie Luft. Dahinter steckt Unsicherheit. Wie soll ich mich bloß verhalten? Für Inhaber einer Firma fühlt sich das oft noch komplizierter an. Sie stellen die ersten Mitarbeiter meist aus dem Freundeskreis ein, merken dann aber, dass sie ihren Freunden als Chef ein anderes Gesicht zeigen müssen. Das verwirrt – und stiftet Chaos im Team.

Dabei ist es gar nicht so schwer, mit solchen Situationen klarzukommen. Sie müssen einfach trennen. Sagen Sie »Jetzt bin ich dein Chef« und nehmen Sie auch die Haltung ein, die in dieser Situation angebracht ist. Kommunizieren Sie Regeln für das Verhalten, wenn Sie Chef sind, und für das Verhalten privat. Das kann zum Beispiel sein, dass auf der Arbeit und vor den anderen Kollegen nichts Privates besprochen wird, aber einmal im Monat ein Essen unter Freunden angesagt ist. Da wiederum muss Berufliches tabu sein, wenn die Regel gilt: Jobthemen sind im Büro zu Hause.

Bea guckt verlegen: »Ihr wisst das noch gar nicht, aber Uli und ich sind Paar.«

Wir haben beruflich verbundene Paare gesehen, die alles daransetzten, damit bloß niemandem auffiel, dass man zusammengehörte. Das ist natürlich Theater für die Angestellten, eine spannende Live-Show. Machen Sie sich nicht lächerlich mit Versteckspielen. Eine klare Trennung ist dennoch wichtig: für die effiziente Teamarbeit und auch für die Beziehung. Trennen Sie Beruf und Privates klar voneinander. Stellen Sie sich einfach Hüte vor. Im Beruf tragen Sie den schwarzen Hut, privat den pinken. Das Hüte-System muss der andere verstehen, deshalb muss das ausgesprochen sein. Spreche ich jetzt als Teamkollege mit dir oder als Freund oder Freundin? Sagen Sie, mit welchem Hut auf dem Kopf Sie etwas schreiben, wenn es durch die Trennung von Job und Privatleben nicht ohnehin klar ist. Sprechen Sie über Zweifelsfälle und Situationen, in denen Sie unsicher sind.

sprechen sie aus, was sie denken

Ewa, die das Kommando in der Küche übernommen hat, fragt: »Sollte man das wirklich aussprechen? Das macht doch angreifbar.«

Aussprechen sorgt für Klarheit. Es verhindert, dass andere sich Dinge zusammenreimen und nach ihrem eigenen Muster interpretieren. Wenn es Sie beispielsweise stört, dass Ihnen der Kollege, mit dem sie am Wochenende ins Fußballstadion gehen, auch im Büro um den Hals fällt, thematisieren Sie es. »Du, das möchte ich nicht. Im Stadion ist das für mich eine andere Situation. Da fand ich es toll und verbindend. Aber im Job wünsche ich mir Abgrenzung von dir.«

Darüber reden – das gilt auch, wenn es Sie stört, dass ein Kollege über den anderen lästert oder Sie sich nicht am x-ten Stammtisch beteiligen möchten. Sprechen Sie aus, was Sie denken, aber immer so, dass der andere versteht, was Sie meinen, und sich nicht persönlich angegriffen fühlt. Wenn Sie der Stammtischrunde nicht beiwohnen wollen, weil sie Zeit für die Familie haben möchten: raus damit. Bloß nicht sagen: »Keine Zeit, hab Besseres zu tun.«

Ewa fragt: »Darf ich jetzt auch mal aussprechen, dass mich nervt, wie Udo sich hier aus dem Arbeiten rauszieht und nur den Lehrmeister markiert?«

Wenn Ewa Udo so etwas direkt sagt, so ist das absolut richtig. Allerdings: Achten Sie auf eine nette Formulierung und stellen Sie Ihre Ansicht nicht als Wahrheit hin. Das schaffen Sie mit Aussagen wie »Ehrlich gesagt, Udo, mich stört, dass du hier so viel redest, aber dich sonst nicht beteiligst.«

Lachen Sie mal über sich

Erst schaut Udo die Gruppe an. Dann lacht Ewa. Dann lachen alle. »Stimmt, ich sollte Lehrer werden, sagt meine Frau auch immer«, erwidert Udo.

Womit wir beim letzten Thema wären, bevor wir die Gruppe der Anonymen Einzelkämpfer für heute mit ihrem Privatleben alleinlassen: dem Lachen. In unserer Studie erwähnten ganz viele Teilnehmer, dass Ihnen das Lachen am meisten fehle. Das Lachen über sich selbst, das gemeinsame Lachen: Es entspannt, befreit und sorgt für gute Stimmung fast nebenbei. Denn bei aller Teamarbeit sollte der Job am Ende des Tages dann doch auch noch Spaß machen.

Drei Monate nach unserem Trainingscamp bekamen wir einen von allen Teilnehmern unterschriebenen Brief, den wir Ihnen hier nicht vorenthalten möchten:

Liebe Svenja, lieber Thorsten,

ist Euer Buch inzwischen auf dem Markt? Wir sind gespannt! Wir möchten Euch mit diesem Brief zwei wichtige Neuigkeiten mitteilen.

Die eine ist: Wir haben inzwischen einen Verein gegründet, die Anonymen Einzelkämpfer e.V. Ewa, Udo und Max sind im Vorstand, Lena macht die Pressearbeit und ist für Marketing zuständig. Bea hat das Design der Website entworfen. Stephan kümmert sich um die Finanzen und Uli ist unser Spaßdirektor. Er plant Events, die wir demnächst monatlich veranstalten. Es geht auf diesen Veranstaltungen um nichts anderes als um Spaß und Austausch! Dazu seid Ihr ganz herzlich eingeladen.

Die zweite Sache haut Euch jetzt bestimmt um: Im Job fällt uns seit dem Trainingscamp zwar vieles leichter. Wir haben alle – Udo eingeschlossen – einen anderen Blick auf die Kollegen gewonnen und gelernt, so manches besser zu ertragen.

Trotzdem möchten wir mehr Spaß an der Arbeit und werden bald unsere eigene Firma gründen. Wir haben da nämlich eine geniale Idee: Wir wollen Einzel- und Teambüros an Firmenmitarbeiter vermieten, die dann über eine Software mit ihrem Team kommunizieren können. Das ist DIE Chance für Mitarbeiter UND Firmen.

Die Mitarbeiter können in ihrer Heimatstadt bleiben und müssen sich nicht mehr hautnah mit Kollegen herumschlagen. Wer Lust hat, allein zu arbeiten, mietet mit »Tür«, und wer lieber mit anderen zusammen arbeitet, kann sich die Kollegen selbst aussuchen und mietet »Großraum«. Es müssen nicht mal Leute von der gleichen Firma sein. Die Unternehmen auf der anderen Seite können sich teure Riesenbüroflächen sparen. Wenn sie Lust haben, zahlen sie die Büromiete, wenn nicht, übernimmt der Mitarbeiter (steuerlich absetzbar als Werbungskosten).

Im Moment streiten Udo und Max noch, wer den Vertrieb übernimmt. Aber da finden wir schon eine Lösung.

Endlich können wir mit den Kollegen arbeiten, die wir mögen. Ist doch cool, oder?

Herzliche Grüße

Stephan
Lena
Ewa
Bea, Uli, Max
Udo

Ihre Teamhasser-Temperaturkurve

Dieser Test ist simpel. Sie haben pro Aussage 0 bis 3 Grad.
3 Grad vergeben Sie, wenn Sie sagen »Stimme voll zu«. 2 Grad
geben Sie sich bei »Der Ansicht kann ich was abgewinnen«.
1 Grad, wenn Sie nur teilweise zustimmen, und 0, wenn Sie
sagen »Blödsinn«. Maximal können Sie also 21 mal 3 Grad =
63 Grad auf der Fieberkurve erreichen.

	Frage	Stimme absolut zu (3 Grad)	Find ich überwiegend (2 Grad)	Teils, teils (1 Grad)	Blödsinn, Leute (0 Grad)	Sind Sie nicht ein bisschen wie …?
1	Ich kann das einfach besser als die anderen!					Udo
2	Ich will etwas Lockerheit bei der Arbeit					Uli
3	Ich will einfach nur Leistung bringen!					Ewa
4	Ich will nicht lange rumreden.					Stephan

	Frage	Stimme absolut zu (3 Grad)	Find ich überwiegend (2 Grad)	Teils, teils (1 Grad)	Blödsinn, Leute (0 Grad)	Sind Sie nicht ein bisschen wie ...?
5	Ich will nicht ausgenutzt werden.					Lena
6	Die anderen müssten einfach mehr Visionen haben!					Max
7	Die anderen stimmen sich einfach zu wenig ab.					Bea
8	Am Ende zeigt sich, wie unfähig die anderen sind.					Udo
9	Am Ende fehlt der Spaß im Job.					Uli
10	Am Ende machen Einzelkämpfer Karriere.					Ewa
11	Am Ende siegen die Selbstdarsteller.					Stephan

	Frage	Stimme absolut zu (3 Grad)	Find ich überwiegend (2 Grad)	Teils, teils (1 Grad)	Blödsinn, Leute (0 Grad)	Sind Sie nicht ein bisschen wie …?
12	Am Ende kommen faule Kollegen mit ihrer Masche durch.					Lena
13	Am Ende gibt es faule Kompromisse.					Max
14	Am Ende gibt es Streit.					Bea
15	Wenn ich nur allein entscheiden könnte.					Udo
16	Wenn sich die Leute doch mal weniger ernst nehmen würden!					Uli
17	Wenn die anderen doch nur an Effizienz interessiert wären!					Ewa

	Frage	Stimme absolut zu (3 Grad)	Find ich überwiegend (2 Grad)	Teils, teils (1 Grad)	Blödsinn, Leute (0 Grad)	Sind Sie nicht ein bisschen wie …?
18	Wenn wir doch nur weniger labern würden!					Stephan
19	Wenn es doch nur mehr Anerkennung gäbe!					Lena
20	Wenn wir doch nur mehr miteinander reden würden!					Bea
21	Wenn die anderen doch nicht nur Ego-Ziele hätten!					Max

auswertung

52 bis 63 Grad: Out of Team-Order

Sie hassen Ihre Kollegen wirklich. Wahrscheinlich sind Sie ein recht radikaler Einzelkämpfer, schwer zu stoppen in Ihrem Teamhass! Wenn der Außendienst nicht so ein beschissenes Image hätte und mit lästiger Akquise und überflüssigen Kundenbesuchen verbunden wäre, würden sie sich sofort ins Auto setzen und als einsamer Wolf den Rest des Arbeitslebens fristen. Unsere Idee: Machen Sie sich selbstständig.

32 bis 52 Grad: Fiebrig!

Alles wäre gut, wenn nur die anderen nicht wären! Am liebsten würden Sie Ihr Team selbst zusammenstellen oder nur Freunde einstellen. Das Feuern von unfähigen Mitarbeitern sollte besser Ihr Job sein. Aber das geht natürlich nicht. Versuchen Sie vorher noch mal, ob Sie das Überleben lernen können.

21 bis 31 Grad: Leicht erhöhte Hasskurve

Achtung, Gefahrenzone. Noch können Sie so tun, als ob Sie sich im Team zu Hause fühlen. Wahrscheinlich mögen Sie sogar Menschen um sich herum, wenn Sie nett mit Ihnen plaudern können oder sie den Mund halten, wenn Sie arbeiten möchten. Aber einige Dinge stinken Ihnen trotzdem grundsätzlich! Daran lässt sich arbeiten.

21 bis 0 Grad: Mensch, ist doch alles okay

Ist doch alles gut, da sind nur ein paar Schrauben in Ihrem Kopf, die Sie locker oder fester drehen müssen. Erkennen Sie sich selbst und es ist egal, in welchem Team Sie arbeiten! Sie sind in Wahrheit ein Teamplayer, enttäuscht oder zeitweise frustriert vielleicht – aber in den Außendienst schicken müssen wir Sie nicht. Es reicht, dieses Buch gelesen zu haben.

Kollegen-Lexikon

Was tun gegen …? In unserem kleinen Kollegen-Lexikon erhalten Sie die wichtigsten Infos und Tipps. Einige Typen kennen Sie schon aus dem Buch.

der chaot

(Im Buch ist die ehrgeizige Ewa ein klein wenig chaotisch …)

Typisches Verhalten:
Nein, er ist nicht immer an seinem Schreibtisch zu erkennen. Es gibt Chaoten, die zähmen sich, so lange der Chef sie beobachtet. Wenn sie unbeobachtet sind, stopfen sie dagegen Akten in Ordner, werfen Briefe ungelesen weg, bringen einfach alles durcheinander und finden nie etwas wieder. Sie hören nicht zu, wenn Sie Ihnen erklären, wie ein vernünftiges Ablagesystem funktioniert und interessieren sich null Komma null für Details.

Umgang:
Da Sie nicht der Chef sind, können Sie leider keine Anweisungen geben, nur Tipps. Versuchen Sie es aber erst gar nicht mit Plänen oder festen Strukturen. Sagen Sie lieber, dass das Chaos für Sie nicht auszuhalten ist und finden Sie gemeinsame Büro-Regeln.

der choleriker

(Im Buch hat Max leicht cholerische Anflüge …)

Typisches Verhalten:
Viele Alphatiere haben einen Nebenjob als Choleriker. Der Wunsch, nein das unbedingte Verlangen, Ziele zu erreichen, treibt sie mit dem Kopf gegen die Wand. Wenn sich nicht schnell genug tiefe Löcher bohren lassen, rasten sie aus. Aus Angst davor machen sich die Kollegen klein, buckeln und versuchen in jeder Situation vorausschauend zu agieren. Was will er wohl? Wie mache ich es ihm recht? Was hat noch mal beim letzten Mal funktioniert?

Abgrenzung:
»Sich unterbuttern lassen« ist natürlich die gänzlich falsche Strategie im Umgang mit diesem Kollegentyp. Reden Sie lieber mit dem Choleriker. Sagen Sie deutlich, dass Sie sein Verhalten nicht tolerieren. Erklären Sie, was das Geschreie in ihnen auslöst. Wahrscheinlich hört er nur auf Sie, wenn Sie dabei auch ein wenig lauter werden. Alternativ suchen Sie eine ruhige Minute in einem stillen Raum – und sagen's auf Ihre Art. Wählen Sie dazu das in diesem Buch (Seite 115) vorgestellte Frikadellen-Feedback: die Kritik schonungslos und direkt an den Kopf werfen.

der ehrgeizige

(Im Buch ist das Ewa vom Mittwoch.)

Typisches Verhalten:
Er will alles erreichen und ist ganz schön verbissen dabei. Er scheint zu erwarten, dass alle anderen auch so sind wie er. Ein bisschen Entspannung täte ihm gut und auch die Erkenntnis, dass diese Welt eben nicht nur von Workaholics bevölkert wird, sondern auch von Kollegen, die ihren Spaß aus anderen Quellen ziehen, dem Privatleben zum Beispiel.

Abgrenzung:
Wenn Sie mit dem Ehrgeizling zusammenarbeiten müssen, sollten Sie allerdings wissen, dass Bekehren zwecklos ist. Auf beiden Seiten. Lassen Sie sich von seiner Arbeitswut kein schlechtes Gewissen machen. Gut, wahrscheinlich wird er derjenige sein, der befördert wird – wenn nicht auch der Chef sich von zu viel Ehrgeiz überrollt fühlt. Aber das ist auch gut so. Sie hätten doch ohnehin keine Lust auf den Stress. Also ergänzen Sie sich gut.

der ekel-kollege

(Keiner aus diesem Buch.)

Typisches Verhalten:
Es gibt zwei Sorten von Ekel-Kollegen. Die einen merken nicht, dass sie zum Beispiel etwas scharf riechen, ihr Haar einer Wäsche bedürfte oder das Sweatshirt nach drei Tagen am Körper einfach mal in die Maschine müsste. Dieser Typ A

ist schlicht ein Schlamper oder jemand, dem Äußerlichkeiten völlig egal sind. Typ B dagegen fehlt einfach jeder Benimm. Er agiert im Geheimen in Küchen oder auf Toiletten, wo er wenig ansehnliche Geschäfte oder Geschirrberge hinterlässt. Manche erledigen ihr Ekel-Business auch im Geheimen, was für das Team sehr unangenehm ist. Dauernd fragt man sich: Wer war's? Schlimmstenfalls entstehen Szenen wie beim »Criminal Dinner«, wo jeder jeden verdächtigt.

Umgang:
Typ A ist eine arme Socke, aber nicht unbedingt immer so sensibel, wie Sie denken. Sanfte Botschaften wie das Deo zum Geburtstag kommen oft nicht an. Deshalb können Sie ruhig mal Tacheles reden. Aber bitte unter vier Augen, mit Ankündigung (siehe Frikadellen-Kritik) und Ausschluss der anderen Kollegen (auch wenn die Sie geschickt haben). Typ B ist ein ... (das Wort schreiben wir jetzt nicht). Wenn der Kollege Typ B im Geheimen agiert, geben Sie ihm die Chance, sein Unwesen auch heimlich einzustellen. Bitten Sie den Chef um Hilfe. Oder hängen Sie Zettel auf, die zum Handeln auffordern (zum Beispiel die Bürste zu verwenden).

der faule

(Im Buch sind das die Erzfeinde der Lena.)

Typisches Verhalten:
Von faulen Kollegen gibt es Typ A und B. Typ A ist einfach nur etwas dumm. Der IQ reicht nicht aus, die Leistung zu erreichen, die für Sie selbstverständlich ist. Typ B ist faul aus Berechnung. Er könnte, will aber nicht.

Umgang:

Bei Typ A: Möglicherweise überschätzen Sie sich selbst? Oder Sie schauen mit einer Brille drauf, die lauter Dinge sehen will, die aber gar nicht wichtig sind? Wenn das alles nicht so ist und ausschließlich der Kollege das Problem: Versuchen Sie mit der Faulheit Typ A zu leben. Vielleicht hilft auch ein Aufgaben- oder Kollegentausch?

Typ B bekommen Sie am besten zum Arbeiten, indem Sie wichtige Personen – zum Beispiel den Chef – ins CC: bei Terminvereinbarungen setzen. Ist er zusätzlich unverschämt und überhäuft Sie mit Arbeit, tun Sie das Gleiche – geben Sie ihm Jobs, als wären Sie Chef.

der grösste

(Das ist unser Udo vom Freitag.)

Typisches Verhalten:

Ihrem überdimensionalen Selbstbewusstsein haben die Normalos dieser Welt nur gepflegte Selbstzweifel entgegenzusetzen. Sie halten sich für die Größten, dabei sind ihre Leistungen vor allem auf das Reden beschränkt. Der Superman ist fast immer männlich und davon überzeugt, absolut gut zu sein. Da fragt er gar nicht weiter nach, hat er nicht nötig. Konkurrenz beißt er weg, Kritik prallt ab.

Umgang:

Superman schlagen Sie mit seinen eigenen Waffen: Übertreiben Sie Ihre eigenen Erfolge. Es könnte passieren, dass Sie plötzlich mit ganz anderen Augen wahrgenommen werden: als einer, der dazugehört. Plustern Sie sich so auf wie er und betonen auch Sie, dass Sie einfach toll sind. Widerlegen Sie seine Aussagen und Behauptungen, zum Beispiel indem Sie nachweisbare Fakten benennen. Auf der Faktenseite ist dieser Held nämlich immer schwach.

der konfliktvermeider

(Im Buch hat Lena am meisten davon.)

Typisches Verhalten:
Da ist jemand, der jede Auseinandersetzung scheut, sich niemals reibt und eigentlich immer Ihrer Meinung ist? Dann haben Sie es mit einem Konfliktvermeider zu tun. An sich ist es ein Typ, der wenig nervt, sondern eher ausgenutzt wird.

Umgang:
Ordentliche Diskussionen sind mit ihm nicht möglich. Fragen Sie ihn um seine Meinung und haken Sie nach: »Findest du das wirklich?« Oder: »Wie siehst du das?« Sprechen Sie aus, wenn Sie das nicht glauben (»Ich habe das Gefühl, du meinst das gar nicht.«) So kommen Sie seinen wahren Beweggründen vielleicht langsam auf den Grund.

der mobber

(Gott sei Dank kommt er in diesem Buch nur in einigen Geschichten vor, aber nicht live …)

Typisches Verhalten:
Während der Choleriker fast immer männlich ist, ist der Mob-

ber oft eine Frau. Beide haben jedoch eines gemeinsam: sich selbst und die eigenen Gefühle nicht unter Kontrolle. Der Mobber denkt allen Ernstes, er sei im Recht, wenn er (sie) Briefe verschwinden lässt oder Datenbanken manipuliert. Die Berechtigung sind Sie: als schlechter Mensch, der es nicht gut meint mit dem Mobber. Möglich, dass Sie ihm die Anerkennung des Chefs streitig machen. Möglich, dass er sich von Ihnen anderweitig bedroht fühlt.

Umgang:
Wenn ein offenes Wort nicht hilft, bleibt nur eins: zum Chef gehen. Und wenn der sich feige raushält, los zur nächsten Instanz, dem Big Boss. Vor allem aber: nicht einschüchtern lassen oder gar an sich selbst zweifeln.

der nörgler

(In diesem Buch nur indirekt vertreten.)

Typisches Verhalten:
So wie die einen immer streiten, müssen die anderen dauernd meckern. Das kann man psychologisch leicht damit erklären, dass diese Kollegen eine polare Sichtweise der Dinge haben. Sie können niemals einer Meinung sein mit anderen. Das ist eine wertvolle Eigenschaft, wenn sie gerade zum Querdenken oder zum Testen von Irgendetwas gebraucht wird. Ansonsten nervt es zwar, aber ändern können Sie es nicht.

Umgang:
Sehen Sie einfach großzügig darüber hinweg und freuen Sie sich darüber, wie kreativ der Nörgler dabei ist, ständig neue

gegensätzliche Sichtweisen an den Tag zu legen. Verhalten Sie sich zur Abwechslung auch mal so und beobachten Sie, was geschieht. Möglicherweise wird der Nörgler plötzlich unsicher.

der oberpenible

(Die Steigerung des Prinzpienreiters ...)

Typisches Verhalten:
Wahrscheinlich würden Sie ihn in der Küche an der Art erkennen, wie er die Kartoffeln schält: ganz sorgfältig darauf bedacht, nicht den Hauch einer Schale dranzulassen. Seine Akten sind wahrscheinlich top geordnet. Und bei der Arbeit kümmert er sich um Dinge, die Sie nicht mal eines kurzen Blickes würden. Oberpenible sind sehr anstrengend für alle, die es mit Ordnung und Genauigkeit gern locker nehmen.

Umgang:
Oberpenible brauchen auch ein wenig Anerkennung: Loben Sie die Ordnung und das, was Sie daran als positiv empfinden können. Lassen Sie sich zeigen, wie man Ordnung hält, anstatt sich über diesen Kollegen zu ärgern.

der prinzipienreiter

(Stephan vom Montag geht in diese Richtung ...)

Typisches Verhalten:
So wie der Nörgler ist er ein Sklave seines eigenen Denkens.

Er denkt in Prozeduren und Abläufen. Abweichungen von der Norm registriert er als Fehler. Deshalb können es Kreative schwer mit ihm aushalten.

Umgang:
Hier hilft nur zu erkennen, dass er seine Berechtigung in einem Umfeld hat, das überwacht und auf Einhaltung von Gesetzen oder Regeln untersucht werden muss.

der streitsüchtige

(Im Buch ist das am ehesten Max.)

Typisches Verhalten:
Es gibt Kollegen, die empfinden Streit nicht als schlimm, sondern als belebend. Was als Streit gilt, wird zudem unterschiedlich interpretiert. Möglich, dass Sie denken, Sie würden streiten – aber der streitsüchtige Kollege nicht. Streitsüchtige können mit Friedensengeln wenig anfangen.

Umgang:
Streitsüchtige verstehen es, wenn Sie deutlich sagen, dass das ewige Rumgezerre SIE belastet. Sprechen Sie aus, was Sie empfinden und an welchem Punkt für Sie der Streit anfängt. Machen Sie ihm klar, dass Streiten interaktiv ist, Sie also Ihre Position vertreten können müssen. Falls er sich noch nicht sportlich betätigt, geben Sie ihm das als Tipp mit auf dem Weg: Boxen hilft – und wird inzwischen von fast jedem Fitness-Studio angeboten.

der spassvogel

(In diesem Buch ist das Uli.)

Typisches Verhalten:
Lacht doch mal! Den Spaßvogel kennen wir schon als Klassen-clown. Und damals wie heute ist seine Motivation gleich: Er will Aufmerksamkeit. Das Positive ist, dass er die anderen manchmal wirklich zum Lachen bringt. Das Negative, dass er es übertreibt.

Umgang:
Sagen Sie ihm deshalb, dass irgendwann Schluss mit Lustig ist, weil Sie gerne arbeiten möchten. Und er sollte es besser auch tun.

Öfter Gruppenhaft als Einzelzelle:
33 Prozent der Erwerbstätigen sitzen in einem Einzelbüro. (Frauenhofer IAO in www.karrierebibel.de)

Streit frisst Arbeitszeit und -energie:
15 Prozent der Arbeitszeit wird mit dem Austragen von Konflikten verbracht. (www.berufebilder.de)

Wer im Job schon zur Teamarbeit gezwungen ist, bleibt privat lieber allein:
69 Prozent aller Deutschen nehmen in ihrer Freizeit überhaupt nicht an Vereinsaktivitäten (außer Sport) teil. (brand eins: Die Welt in Zahlen 2010)

Fast ein Drittel der Arbeitszeit geht für Besprechungen drauf:
1,5 Arbeitstage pro Woche verbringt jeder deutsche Angestellte in Team-, Abteilungs-, Projekt- und Expertenmeetings, in Besprechungen mit Dienstleistern, Kunden und Lieferanten. (Studie der Unternehmensberatung Schell)

Meetings sind vergeudete Zeit:
94 Prozent der Teilnehmer sind während eines Meetings mit anderen Dingen beschäftigt. Knapp 50 Prozent der Mitarbeiter wissen nach einem Meeting nicht, was sie tun sollen. (Meetings 07, in www.ormsby.at)

Respekt fehlt meist völlig:
Nur 15 Prozent meinen, dass die Teilnehmer in einem Meeting respektvoll miteinander umgehen.

Kontrolle ist besser:
81 Prozent der deutschen Spitzenmanager kontrollieren die Leistungen des Teams öfter als einmal im Jahr. In Norwegen sind es 61 Prozent. (Studie von Egon Zehnder International)

Mangelnde Anerkennung der Teamarbeit:
42 Prozent der befragten Spitzenmanager denken, dass der Teambeitrag für die Bewertung ihrer Leistungen keine Rolle spielt. (Studie von Egon Zehnder International)

Egoismus kontra Teamarbeit:
56 Prozent der befragten deutschen Manager sehen verstecktes Eigeninteresse als größte Hürde für eine erfolgreiche Arbeit im Team. (Studie von Egon Zehnder International)

Effizienter alleine arbeiten:
46 Prozent der Befragten arbeiten effizienter alleine als im Team. (Studie Hofert/Visbal)

Führungskräfte stört das Team:
Angestellte ohne Personalverantwortung arbeiten effizienter im Team als Angestellte mit Personalverantwortung. (Hofert/Visbal)

Vielleicht besser virtuell?
44 Prozent der befragten Manager ist mit der Zusammenarbeit von virtuellen Teams zufrieden. (Akademie der Führungskräfte Bad Harzburg)

Dank

Gruppen sind doch manchmal gut. Zum Beispiel, wenn es darum geht, Ideen zu finden. Dabei hat uns unsere »Intervisionsgruppe« sehr geholfen. Speziellen Dank für die Idee von Frank Petermann für die erste Version des Untertitels »Die Woche mit Kollegen« – und die prägnante Verstärkung durch unseren »Schüler-Flüsterer« Wilfried Fuchs.

Dank auch an unsere Interviewpartner und unsere Familien, die uns immer unterstützt haben und insbesondere durch den Termindruck beide Rücken freigehalten haben.

Spezieller Dank geht von Svenja Hofert an ihren Sohn Leander und das Team des Career Service der Hochschule für Angewandte Wissenschaften (HAW), Hamburg.

Und nicht zu vergessen: an unseren Lektor Thorsten Schulte für das sofortige Aufgreifen der Idee und die immer klare und gute Kritik.

Literatur

Bücher

Hofert, Svenja: Das Karrieremacherbuch, Frankfurt 2009

Hofert, Svenja: Praxisbuch Existenzgründung, 3. Auflage, Frankfurt 2010

Hofert, Svenja: Praxisbuch für Freiberufler, Frankfurt 2007

Nolte, Jo B.: Business Etikette, München 2006

Ruppel, Johannes; Schulz von Thun; Friedemann; Stratmann, Roswita: Miteinander reden für Führungskräfte, Reinbek 2003

brand eins: Die Welt in Zahlen 2010, 2009

Stahl, Eberhard: Dynamik in Gruppen, Weinheim 2002

Studien

Akademie für Führungskräfte der Wirtschaft: Mythos Team auf dem Prüfstand, 2002

Egon Zehnder International: Teamarbeit – Kritische Wertschätzung eines in Verruf geratenen Konzepts, 2009

Frauenhofer ISE (Autorin: Elke Gossauer): Nutzerzufriedenheit in Bürogebäuden – eine Feldstudie, 2008

Hofert, Svenja, und Visbal, Thorsten: Einzelkämpfer oder Teamplayer, 2010, unter www.ichhasseteams.de

Johnson Controls Global Work Place Solutions: Oxygenz: Generation Y and the Workplace, 2010

KPMG: Konfliktkostenstudie – Die Kosten von Reibungsverlusten in Industrieunternehmen, 2008

ormsby Organisationsberatung: Meetings 07 – Besprechungskultur im Deutschen Sprachraum, 2007

Österreichische Wirtschaftskammer: Neue Wege zur Ergebnisverbesserung, 2006

Schell Marketing Consulting: Meeting-Kultur in europäischen Ländern, 2002

Die Wahrheit über
die Karrieretrends von morgen

Svenja Hofert
Das Karrieremacherbuch
Erfolgreich in der Jobwelt der Zukunft

176 Seiten / Klappenbroschur
ISBN 978-3-8218-5991-0

Die Zeiten, in denen der perfekte Karriereplan ein hohes
Einkommen, Firmenwagen und hohes Fixum garantierte,
sind unwiederbringlich vorbei. In der Arbeitswelt der Zukunft
gibt es keine festen Regeln für den beruflichen Aufstieg,
sagt Svenja Hofert – nur die eigene Persönlichkeit. Wer hier
bestehen will, muss sich immer wieder neu erfinden, ohne Angst
vor Veränderungen und Positionswechseln. Das Buch verrät,
wie die Arbeitswelt der Zukunft aussehen wird – und wie die
Karrieren von morgen wirklich funktionieren.

eichborn
berufsstrategie

Der unverzichtbare Begleiter
auf dem Weg zum Erfolg

Svenja Hofert
Praxisbuch der Freiberufler
Alles, was Sie wissen müssen, um erfolgreich zu sein

308 Seiten / gebunden
ISBN 978-3-8218-5923-1

Vom erfolgreichen Selbstmarketing über Honorarfindung,
Steuerfragen und Versicherungen bis zum krisensicheren
Businessplan: Wer sich als Freiberufler am Markt durchsetzen
will, braucht Strategien für ein effektives Management
seines Unternehmens. Svenja Hofert gibt in diesem Handbuch
Antworten auf alle Fragen rund um die Freiberuflichkeit und
zeigt, wie man auch Krisen souverän meistert.